Bundesbahn-Fotoalbum

Band 2: 1968 – 1970

Helmut Bittner

Titelbild

Noch im Sommer 1968 waren Paderborner 01 vor dem sogenannten Interzonenzugpaar D 1097/1098 von Duisburg nach Dresden und zurück zwischen Hamm und Kassel zu finden. So hat 01 199 im August 1968 den D 1098 gerade in Kassel übernommen und ist bei Obervellmar auf dem Weg nach Hamm.

Impressum

Helmut Bittner
Bundesbahn-Fotoalbum
Band 2: 1968-1970

Die Deutsche Nationalbibliothek verzeichnet diese Publikation in der Deutschen Nationalbibliographie; detaillierte bibliografische Daten sind im Internet über http:://dnb.d-nb.de abrufbar

ISBN 978-3-946594-15-4

1. Auflage 2020

Layout: Melanie Schmidt
Druck und Verarbeitung: Bonifatius Druck, Paderborn

Nordstraße 32 · 33161 Hövelhof
www.dgeg.de

Inhalt

Einleitung

Helmut Bittner (1941–2014) gehört nicht zu den „großen Namen“ der deutschen Eisenbahnfotografie. Viele seiner Aufnahmen fanden jedoch schon Eingang in diverse Veröffentlichungen, sei es in Zeitschriften, sei es in Ko-Autorenschaft bei Bildbänden dieses Verlages. Nun liegt mit dem zweiten Band der Reihe „Bundesbahn-Fotoalbum“ für den Zeitraum von 1968–1970 ein weiteres Buch nur mit Aufnahmen von Helmut Bittner vor. Eine Fortsetzung bis etwa 1985 wird folgen.

Helmut Bittner wurde 1941 in Prag geboren. Infolge der Kriegsereignisse musste er mit seiner Familie fliehen, nach einer Zwischenstation in Erfurt landete er 1953 im westfälischen Witten, dem er bis zu seinem Tod treu blieb. Sein gesamtes Berufsleben verbrachte er als Ingenieur bei den Edelstahlwerken unweit des Wittener Hbf.

Dem zunächst in Bochum-Dahlhausen, dann in Herbede und seit 1985 in den heutigen Räumen in Witten ansässigen Archiv der Deutschen Gesellschaft für Eisenbahngeschichte (DGEG) hat er sich bis kurz vor seinem viel zu frühen Tod intensiv gewidmet. Zum Bestand dieses Archivs gehören heute auch über 8000 von Helmut Bittner aufgenommene Dias.

Schon als Jugendlicher begann er mit dem Fotografieren von Lokomotiven, zunächst in Österreich, später vermehrt in der Bundesrepublik. Hier sind seit Beginn der 1960er Jahre zahlreiche Aufnahmen entstanden, von denen hier eine Auswahl aus den Jahren 1968 bis 1970 zu sehen ist. In dieser Zeit sind vorwiegend Farbdias entstanden, aber weiterhin auch einzelne Schwarz-weiß-Aufnahmen.

In den Jahren ab 1968 hat Helmut Bittner die verbliebenen und immer weniger werdenden Dampflokreservate bereist und die letzten Dampfloks der DB im Bild festgehalten. Wir folgen ihm in groben Zügen von Schleswig-Holstein nach Baden-Württemberg durch die Bundesrepublik, wobei die drei Aufnahmejahre innerhalb der Regionen berücksichtigt werden.

Die Jahre 1968 bis 1970 waren natürlich geprägt durch das neue Nummernsystem mit der bei den Dampflokbaureihen vorangestellten „0“, der Gliederung in dreistellige Baureihennummern und folgender dreistelliger Ordnungsnummer sowie der am Schluss angefügten Kontrollziffer. Die Umzeichnung verlief allerdings teilweise recht schleppend, sodass bis in das Jahr 1969 hinein Loks mit alter Nummer zu sehen waren. Das spiegelt sich auch in den gezeigten Aufnahmen wider. Die Baureihenvielfalt nahm in diesem Zeitraum deutlich ab. So verschwanden die Baureihen 10, 18, 45, 56, 57, 66, 89, 93, 98 und 99 komplett, wobei von diesen 1968 nur die 57 und 93 überhaupt noch geringe betriebliche Relevanz hatten und 98 und 99 mit minimalen Einsätzen aufwarten konnten.

Trotzdem konnten noch achtzehn weitere Dampflok-Baureihen im Betrieb erlebt werden. Neben der großen Überzahl der Einheitsloks – teilweise mit Neubaukessel oder Ölfeuerung – sind auch preußische Länderbahnloks und drei der fünf Neubautypen der DB vertreten. Die Spannbreite der Zugförderung reicht vom schweren Schnellzug über Eil- und Personenzüge bis hin zu schwersten Güterzügen, die teilweise über Rampenstrecken inklusive Schubloks zu befördern waren. Steilstreckenbetrieb mit Gegendruckbremse oder gemütlicher Nebenbahnbetrieb komplettieren das Spektrum. Regional reichten die Dampfleistungen von Flensburg bis Friedrichshafen und von Aachen bis Hof quer durch das Land. Nur selten hat Helmut Bittner damals bei der modernen Traktion auf den Auslöser gedrückt und so sind auch in diesem Buch nur wenige Aufnahmen von elektrischen und Dieselfahrzeugen abgebildet.

In zunehmendem Maße veranstalteten Eisenbahnfreunde gerade mit den von der Abstellung bedrohten Bauarten zahlreiche Sonderfahrten, an denen auch Helmut Bittner häufig teilnahm. Hier kamen vor allem 01, 03, 18, 38, 41, 55, 57, 65, 78, 82 und 98 noch einmal zum Einsatz. Einige der Aufnahmen der Sonderfahrten werden im letzten Kapitel dieses Buches wiedergegeben.

Anhand der Aufzeichnungen Helmut Bittners wie auch der eigenen Kenntnisse hat Dietrich Bothe die Texte zu den Bildern verfasst und die ihm wesentlich erscheinenden Dinge notiert und erläutert. Dabei half oft die eigene Erinnerung an das Geschehen dieser Jahre, fällt doch in diese Zeit auch der Beginn seiner fotografischen Dokumentation des dampfenden Eisenbahngeschehens.

Viel Spaß beim Stöbern im Bundesbahn-Fotoalbum Band 2!

Hamburg und Hövelhof, im Frühjahr 2020

Zwischen den Meeren

Der D 960 „Nordpfeil" Frederikshavn – Hamburg war 1970 eine von vier Schnellzugverbindungen aus Dänemark, die über Flensburg geführt wurden. Im August 1970 hat die Altonaer 012 081 den Zug in Flensburg von einer dänischen Rundnase übernommen und steht am späten Nachmittag abfahrbereit unter der Brücke der Schleswiger Straße. Wenige hundert Meter südwestlich wird der Zug die Strecke aus Dänemark, die die Flensburger Südstadt in einer weiten Schleife umrundet, unterqueren und anschließend den Güterbahnhof Flensburg Weiche durchfahren. 012 081 wird übrigens in ihrer letzten Heimat Rheine knapp fünf Jahre später den letzten Dampfschnellzug der DB bespannen.

Ab Juni 1969 tauchten in Flensburg wegen Mangels an 50ern drei 94er auf, die sich bis 1970 beziehungsweise 1971 im Rangierdienst nützlich machten. 094 378, die Helmut Bittner im Juli 1970 in ihrem Heimatort aufnahm, wurde im Januar 1971 hier z-gestellt, während die anderen beiden nach Hamburg-Rothenburgsort zurückgegeben wurden.

Als 094 308 im September 1969 im Bw Kiel aufgenommen wurde, gehörte sie offiziell zum Betriebswerk Flensburg, wurde aber offensichtlich bedarfsgerecht im Norden herumgereicht. Links oberhalb des Führerhauses ist der Sitz der Albingia-Versicherung zu erkennen, deren Name vor zwanzig Jahren vom Markt verschwand. Die Ränder des Schriftzuges sind aber auch heute noch am Hochhaus erkennbar.

Im Dezember 1969 liegt Schleswig-Holstein unter einer dünnen Schneedecke. Die Altonaer 012 076 ist in der Mittagssonne bei Neumünster mit dem Verstärker D 10338 unterwegs, der aus einem E 30-Eilzugwagen und vier vierachsigen Umbauwagen den Fahrgastandrang im Weihnachtsverkehr bewältigen hilft. Die Fahrt in solchen Zügen war deutlich angenehmer als der Stehplatz im heutigen Feiertagsverkehr. Der Hauptzug D 338 hatte übrigens den Laufweg Ålborg – Köln.

Bei strahlendem Winterwetter braust die Flensburger 051 581 mit ihrem Güterzug im Dezember 1969 bei Neumünster am Fotografen vorbei.

Im Dezember 1969 nutzt Helmut Bittner den sechsminütigen Aufenthalt des D 960 „Nordpfeil" Frederikshavn – Hamburg um viertel vor sieben abends in Neumünster für diese stimmungsvolle Aufnahme mit 012 105. An der hinteren Kuppelachse ist der Feuerschein des Ölbrenners sichtbar. Die Reifenspuren am Überweg über die Gleise zeugen vom regen Verkehr mit Post- und Gepäckkarren.

Im Dezember 1970 wartet 012 073 in Hamburg-Altona mit dem abendlichen E 2077 nach Kiel auf Abfahrt. Für die 104 Kilometer lange Strecke benötigt der Zug 68 Minuten und erreicht damit bei drei Zwischenhalten eine Reisegeschwindigkeit von beachtlichen 92 km/h. Hier ist heute nicht nur die Dampflok verschwunden; auch Bahnhofshalle und Stellwerk sucht man vergeblich und vermutlich verschwindet bald auch der ganze Bahnhof.

Linke Seite oben: Die tiefstehende Dezembersonne des Jahres 1968 leuchtet die Flensburger 50 1435 im Bw Neumünster perfekt aus. Fast ein Jahr nach Inkrafttreten des Umzeichnungsplanes ist die Lok mit der alten Beschilderung unterwegs. Während oft behauptet wird, dass bei den 50ern keine Lok einer anderen glich, so war doch die hier sichtbare Kombination aus Kessel ohne Speisedom, offener Schürze und Kabinentender recht verbreitet.

Linke Seite unten: Im Bw Hamburg-Rothenburgsort dampfte es im Dezember 1968 noch recht üppig. Neben den hier zu sehenden 50ern waren insbesondere 94er im Rangiergeschäft emsig im Einsatz. Die hier beheimateten 82er waren allerdings in Wilhelmsburg sowie im Hafen unterwegs und nur buchmäßig nach Aufgabe der dortigen Selbstständigkeit nach Rothenburgsort gekommen. Das Gleiche galt für die letzten Harburger 44.

Bild rechts: Bis zum Ende des Sommerfahrplans 1972 gehörte die Marschbahn zu den wichtigsten Einsatzstrecken der DB-Paradepferde der Baureihe 012. Im Juli 1969 kreuzt 012 102 mit dem morgendlichen D 436 nach Köln in der Ausweichstelle auf dem Hindenburgdamm den D 475 aus Basel, der die Vorbeifahrt abwarten muss. Am 30. September 1972 bespannte 012 102 übrigens den letzten von 012 geführten Zug nach Westerland.

Der letzte Festlandsbahnhof vor dem Hindenburgdamm ist Klanxbüll, wo der auf dem Abschnitt ab Niebüll als Eilzug verkehrende D 437 aus Köln an einem Augustnachmittag 1970 den leicht verspätete D 1332 kreuzt, der in der sommerlichen Hochsaison von Westerland nach Hamburg fährt.

Die einzige noch unmittelbar vor Beginn des Zweiten Weltkrieges abgelieferte Lok ihrer Baureihe war 01 1001. Die folgenden Nummern bis 01 1051 wurden wegen des Krieges storniert, sodass die Nummernfolge erst mit 01 1052 weiter ging. 012 001, die ihre Laufbahn mit dem Marschbahndienst im September 1972 beendete, ist im Juli 1969 mit dem E 1704 Westerland – Hamburg in Heide eingetroffen. Rechts stellen drei Husumer 515 den Anschluss von und nach Büsum und Neumünster her. Der Zuglauf Neumünster – Büsum läuft durch, die andere Richtung wird hier in Heide gebrochen.

Am Bahnübergang Hamburger Straße an der nördlichen Ausfahrt des Bahnhofes Heide in Holstein hat sich Helmut Bittner für diese Aufnahme positioniert. 012 075 ist mit dem Sonderzug D 14490 im August 1970 in Richtung Hamburg unterwegs. An Stelle des ehemaligen Bahnübergangs existiert heute eine Brücke und der Posten „Nb" ist natürlich längst verschwunden. Das Gebäude rechts ist übrigens der ehemalige Bahnhof der Kreisbahn Norderdithmarschen, die zwischen 1905 und 1936/37 einen 54 Kilometer langen Rundkurs östlich von Heide betrieb. Zwischen dem ehemaligen Kreisbahnhof und dem Postenhaus verläuft die Strecke nach Büsum, die weiter nördlich die Marschbahn unterquert.

Die gut gepflegte 012 082 läuft im August 1970 am späten Vormittag mit dem Saisonzug D 672 nach Frankfurt in Husum ein. Zwei Jahre zuvor lief die Lok noch von Osnabrück aus auf der Rollbahn, tat nach der Hamburger Zeit zwei Jahre in Rheine Dienst und steht heute im Deutschen Technik-Museum in Berlin.

In der Gegenrichtung verlässt 012 077 mit dem D 1333 Hamburg – Westerland im August 1970 den Bahnhof Husum, der damals noch über eine Bahnhofshalle verfügte. Bei dem ersten Wagen handelt es sich um den Kurswagen, der ab Niebüll im E 2121 über die knapp einhundert Kilometer lange Strecke die Verbindung mit dem dänischen Esbjerg herstellt.

012 105 legt sich mit dem E 2104 Westerland – Hamburg im August 1970 südlich von St Michaelisdonn in die Kurve, die seit 1920 zur Hochbrücke Hochdonn führt. Diese war bei der Verbreiterung des Nord-Ostsee-Kanals als Ersatz für die ursprüngliche Drehbrücke bei Averlak gebaut worden. Die Aufnahme ist an einem Samstag entstanden, da der Zug nur an diesen Tagen Autotransportwagen mit sich führt. Verladeschluss war in Westerland um 7:45 Uhr.

In der Gegenrichtung ist 012 081 im August 1970 mit dem D 1333 von Hamburg nach Westerland an derselben Stelle südöstlich von St. Michaelisdonn unterwegs. Hier führt der Zug keinen dänischen Wagen als Kurswagen nach Esbjerg mit. Möglicherweise ist die Aufnahme am 31. August entstanden, da der Kurswagen laut Kurswagenverzeichnis nur vom „27.VI. bis 30.VIII." verkehrte.

Mit dem Sonderzug E 34033 ist die Altonaer 216 142 im August 1970 nach Norden unterwegs und wird in wenigen Augenblicken den Nord-Ostsee-Kanal überqueren.

Zwischen Anfang 1970 und Mitte 1971 erhielt das Bw Flensburg etliche 215 aus Neulieferung, die kurz darauf durch neue 218 abgelöst wurden. Die ein halbes Jahr alte 215 048 ist im August 1970 bei Burg mit einem Tankzug in Richtung Süden unterwegs. Hinter dem Bahnhof Burg wird sie die Rampe zur Hochbrücke nehmen.

Aufgrund des Sonnenstandes ist zu vermuten, dass Helmut Bittner hier im Juli 1970 im E 1776 Westerland – Hamburg mitfährt, der nachmittags um 15 Uhr den Nord-Ostsee-Kanal bei Hochdonn überquert. Die unbekannte 012 wird vermutlich durch eine der ab Mai 1968 neu nach Hamburg-Altona gelieferten 216 unterstützt.

Bei dem kleinen Ort Vaale zwischen Wilster und dem Nord-Ostsee-Kanal schickt sich an einem frühen Augustmorgen 1970 die Altonaer 012 101 an, die Rampe zur Hochbrücke zu erklimmen. Am Haken hat sie D 575 von Basel nach Westerland. Der Zug, in den drei DSG-Schlafwagen eingereiht sind, hat am vorhergehenden Nachmittag um 17:39 Uhr Basel SBB verlassen und wird um 9:29 Uhr am Zielbahnhof ankommen.

Mit dem Langläufer-Eilzug E 576 Westerland – Hamburg – Hannover – Kassel – Gießen – Koblenz – Trier hat die überzuckerte 012 001 im März 1969 Glückstadt erreicht. Auf seinem letzten Abschnitt ab Koblenz wird der Zug noch einmal mit Dampflok bespannt. Hier wird eine 01 des Bw Saarbrücken den Zug ziehen.

Während heute der Fernverkehr nach Westerland von Hamburg Hbf aus an Altona vorbei führt, liefen früher alle Züge den Altonaer Kopfbahnhof an. 012 071 hat allerdings im Juli 1969 mit D 135 Hamburg-Altona – Westerland einen Zug am Haken, der erst in Altona beginnt. Der vormittägliche Zug hält nur in Husum und Niebüll und verkehrt auf dem letzten Abschnitt als Eilzug. Der Zustand der Lok ist schon etwas abgewirtschaftet. Ungewöhnlich ist bei einer 012 die Ausrüstung mit einem einfachen Fensterschirm statt den üblichen Stauschuten.

003 252 war nach ihrer Mönchengladbacher Zeit knapp drei Monate im Sommer 1969 in Hamburg-Altona im Einsatz. Hier hat sie im Juli 1969 um kurz vor ein Uhr mittags mit E 1652 aus Kiel ihren Heimatbahnhof Hamburg-Altona erreicht. Dabei hat sie die 104 Kilometer mit Zwischenhalt in Neumünster und Elmshorn mit 95 km/h Reisegeschwindigkeit zurückgelegt, was den Zug zum schnellsten mit Dampflok gefahrenen Eilzug der DB auf seinem gesamten Laufweg machte. Im Oktober des Jahres endete der Einsatz der 03 in Altona endgültig.

Dampf-Finale auf der Rollbahn

03 182 gehörte zu den drei letzten Bremer 03, die im September 1968 ihren Einsatz beendeten. Kurz vorher springt sie für eine Bremer 01 in deren Umlaufplan ein und befördert den E 523 Köln – Hamburg ab Osnabrück. Helmut Bittner nutzt den zweiminütigen Halt in Diepholz für die Aufnahme in der abendlichen Dämmerung. Zum Monatsletzten wird die Lok z-gestellt.

Abends um viertel vor neun gelingt ebenfalls in Diepholz die Aufnahme der Osnabrücker 41 096, die mit dem 3356 Bremen – Osnabrück einen achtminütigen Halt einlegt. Ende des Monats endet der Dampfbetrieb auf dem Rollbahnabschnitt Osnabrück – Hamburg und die gezeigte Lok wechselt mit allen anderen 39 ölgefeuerten Loks ihrer Baureihe aus Osnabrück und Kirchweyhe zum Bw Rheine. Dort wird sie neun Jahre später mit einigen weiteren 042ern und 043ern das Dampfzeitalter bei der DB beenden.

01 1077 überquert im Juli 1968 um die Mittagszeit mit F 391 „Holland-Skandinavien-Express“ Hoek van Holland – København die Brücke über den Mittellandkanal bei Bohmte, nachdem sie zuvor den Kamm des Wiehengebirges überwunden hat.

Im März 1968 hängt zwischen Vehrte und Ostercappeln schon der Fahrdraht. Noch werden 41 145 und ihre Schwestern hier aber etwa ein halbes Jahr zeigen können, was in ihnen steckt.

01 1080 hat an diesem frühen Septembernachmittag des Jahres 1968 bei Vehrte noch gut zehn Kilometer vor sich, ehe sie beim D 496 Hamburg – Düsseldorf in ihrem Heimatort abspannen wird. Wie viele Osnabrücker Loks ist sie ihres Nummernschildes beraubt und trägt noch im September ihre alte Nummer nur als Farbanschrift.

Ebenfalls bei Vehrte dampft die gut gepflegte 44 1315 mit einem Güterzug ihrem Zielort Osnabrück entgegen. In wenigen Tagen wird hier die E 40 als Ablösung unterwegs sein.

Wie alle Osnabrücker Kohleloks ist 23 092 im Bw Osnabrück Rbf beheimatet. Ehe sie Ende September 1968 nach Emden abwandert befördert sie hier in den letzten Tagen des Dampfbetriebes den 4331 Osnabrück – Diepholz, mit dem sie um die Mittagszeit Vehrte verlässt.

Helmut Bittner hat die moderne Traktion in aller Regel ignoriert. Trotzdem weilt er gut ein Jahr nach Ende des Dampfbetriebes noch einmal an der Rollbahn und hält im Oktober 1969 in Vehrte die zum Bw Frankfurt 1 gehörende 112 266 vermutlich mit D 339 Köln – Ålborg fest.

Rechte Seite oben:
Im März 1968 stehen bei Vehrte bereits die Oberleitungsmasten, der Fahrdraht hängt aber noch nicht als 01 1077 mit dem D 593 Köln – Hamburg am Fotografen vorbeirauscht.

Rechte Seite unten:
An anderer Stelle bei Vehrte ist im März 1968 der Fahrdraht schon gespannt. 01 1060 zieht den D 396 Hamburg – Köln in der Morgensonne Osnabrück entgegen. Die niedrigen Temperaturen bringen den Dampf schön zur Geltung.

Die Im Bw Osnabrück Rbf beheimatete 44 079 kämpft sich im September 1968 zwischen Belm und Vehrte mit ihrem Güterzug die Steigung des Wiehengebirges hinauf.

Der Nahverkehrszug 3340 Bremen – Osnabrück, mit dem 01 1088 im März 1968 in Vehrte eintrifft, ist nicht unbedingt eine der Schnellzuglok angemessene Leistung. Nebenan gastiert, vermutlich für die Elektrifizierungsarbeiten, ein Bauzug mit alten Länderbahnwagen.

Die eigentümlich geformten blauen Wagen der Nederlandse Spoorwegen sind untrügliches Kennzeichen des „Skandinavien-Holland-Express", der als letzter F-Zug dampfbespannt zwischen Hamburg und Osnabrück verkehrt. An einem frühen Juliabend des Jahres 1968 ist 01 1073 mit F 392 København – Hoek van Holland bei Vehrte unterwegs. An siebenter Stelle ist der ISG-Speisewagen auszumachen.

In Ermangelung eigener Planleistungen werden die letzten Bremer 03 gern in anderen Plänen eingesetzt. So ist 03 182 im Juli 1968 mit E 523 Köln – Hamburg bei Vehrte unterwegs.

Der E 748 Hamburg – Osnabrück war eine Planleistung der Bremer 01. Im März 1968, gehört 01 161, die den Zug hier bei Vehrte bespannt, zu den letzten vier Maschinen ihrer Baureihe in Bremen. Als einzige wird sie zum Winterfahrplanwechsel noch nach Lehrte und Braunschweig umbeheimatet, während die anderen z-gestellt werden.

Zu den Paradezügen der Rollbahn gehörte der TEE 44 „Parsifal“ Hamburg – Paris und sein Gegenzug TEE 43. Im März 1968 fährt er am Block Wittekind zwischen Vehrte und Belm am Fotografen vorbei.

221 115 gehört zu den Loks, die 1963 bei Eröffnung der Vogelfluglinie neu an das Bw Lübeck geliefert wurden. Mit einzelnen Leistungen waren die Loks aber eben auch auf der Rollbahn unterwegs. So ist 221 115 im September 1968 mit D 593 Köln – Hamburg bei Vehrte zu sehen. So sahen moderne DB-Züge der 1960er Jahre aus.

Heute fahren – außer bei baustellenbedingten Umleitungen – nahezu alle Fernzüge der Rollbahn über Dortmund. Zu Dampfzeiten war das nur selten der Fall. Die Im Februar 1968 in Dortmund Hbf aufgenommene 01 1085 bespannt hier den E 755 Dortmund – Osnabrück, der den Ausgangsbahnhof um kurz nach zehn Uhr abends verlässt und eine halbe Stunde vor Mitternacht am Ziel ankommt. Zwei Stunden vorher war die Lok mit der einzigen nach Dortmund führenden Planleistung mit dem Gegenzug E 522 angekommen. Der elektrische Betrieb auf dieser Verbindung wurde in zwei Schritten im Mai 1967 und Mai 1968 aufgenommen.

Noch einmal Winter-Dampf auf der Rollbahn

Einen plötzlichen Wintereinbruch im Osnabrücker Land mit bestem Sonnenschein nutzte Helmut Bittner für perfekte Winteraufnahmen. 01 1073 stürmt hier mit F 391 „Holland-Skandinavien-Express" Hoek van Holland – København am 13. Januar 1968 durch Vehrte.

Die in Rheine beheimatete 41 032 ist vermutlich in Vertretung einer Osnabrücker Schwester mit ihrem Güterzug in Vehrte nordwärts unterwegs. Die Lok ist mit einem Kurztender gekuppelt, damit sie die 20-Meter-Drehscheiben in den Niederlanden nutzen kann.

Dampfbetrieb im Winter von seiner fotografisch schönsten Seite zeigt 41 360 bei Vehrte. Die Personale werden das anders gesehen haben.

Die Bremer 01 167 ist ersatzweise für eine 01^{10} bei der Bespannung des D 596 Hamburg – Köln eingesprungen und durchfährt in Dampf gehüllt den Bahnhof Bohmte.

23 092 macht mit dem Nahverkehrszug 4331 Osnabrück – Diepholz am frühen Nachmittag des 13. Januar 1968 Halt in Bohmte.

Emsland

Vom Bahnhof Norddeich aus führt ein gut 400 Meter langes Gleis auf die Mole, von der direkter Schiffsanschluss nach Juist, Norderney und Baltrum besteht. Bei manchen Zügen erschien im Kursbuch der Hinweis „zur Mole nur bei Schiffsanschluß". Im Juni 1969 wartet statt einer 012 die 042 106 mit D 438 nach Köln abfahrbereit. Die im Hintergrund sichtbare Bahnsteighalle reichte nur für einen Bruchteil der Zuglänge. Die Umgebung zeigt sich heute völlig verändert. Insbesondere ist östlich der Zughaltestelle eine große Anlage für die PKW-Verladung nach Norderney gebaut worden, auch wenn dort der Urlauber nur mit dem Auto ankommen, faktisch aber nicht fahren darf.

Von Emden nach Köln fährt der E 1732, den 042 106 im August 1969 bei Petkum bespannt. Die gut gepflegte Lok hatte im Mai 1969 im AW Braunschweig eine Untersuchung erhalten, bei der offensichtlich auch der Farbanstrich erneuert wurde.

Der Haltepunkt Norden Stadt liegt etwa einen Kilometer nördlich des Bahnhofes Norden. Früh morgens gab es zwei Personenzüge, die im Stadtbahnhof ihren Start hatten; der erste fuhr bis Leer, der zweite bis Emden Süd, was ein Zurücksetzen in diesen Bahnhof aus dem Emder Rangierbahnhof bedeutete. Im Juni 1969 wartet 023 092 mit dem zweiten Zug 3232 um sieben Uhr in Norden Stadt auf die Abfahrt nach Emden Süd.

Mit dem nur in der Hauptreisezeit verkehrenden D 1335 Köln – Norddeich Mole ist die kohlegefeuerte 011 065 im August 1969 bei Petkum östlich von Emden unterwegs. Nachdem Rheine im September 1968 etliche 012 aus Osnabrück erhalten hatte, waren die 011 bereits stark auf dem Rückzug, vor allem aus dem hochwertigen Verkehr, den nun verstärkt die ölgefeuerten Schwestern übernahmen.

Mit dem Gegenzug D 1334 nach Köln ist 012 063 bei Petkum im August 1969 in der weiten ostfriesischen Landschaft auf ihrer Fahrt nach Münster, wo eine E-Lok den Zug für die Weiterfahrt über Recklinghausen (ab dort als E 1334) – Wanne-Eickel – Essen-Altenessen – Oberhausen – Duisburg und Düsseldorf übernimmt. In den aus mindestens elf Wagen bestehenden Zug sind vorwiegend Silberlinge eingereiht.

042 024 macht im August 1969 einen etwas abgewirtschafteten Eindruck, als sie bei Petkum mit ihrem Güterzug nach Süden unterwegs ist. Der Zug besteht im vorderen Teil aus VW-eigenen Flachwagen, beladen mit je drei speziellen Behältern für den Transport von Autoteilen zwischen den Werken.

E 1637 hat am späten Vormittag seine Reise in Saarbrücken begonnen, um dann über Trier, Köln, Essen und Dortmund nach Münster zu gelangen, wo ihn um viertel vor sieben Uhr abends 012 055 übernommen hat. Um kurz nach neun Uhr wird sie den Zielbahnhof Emden Süd erreichen; dieser Bahnhof lag in unmittelbarer Nähe zum Rangierbahnhof und wurde 1971 aufgelassen. Auf der in Lingen entstandenen Aufnahme sind links das Ausbesserungswerk und im Hintergrund der markante Wasserturm zu sehen.

Der E 1937 hat mit Münster – Emden West einen relativ kurzen Laufweg von 180 Kilometern, die bei zwei Stunden und zwanzig Minuten Fahrzeit sowie acht Zwischenhalten mit flotten 77 km/h Reisegeschwindigkeit zurückgelegt werden. Im August 1970 passiert der Zug ohne Gepäckbeförderung mit 012 063 das Stellwerk der Abzweigstelle Hanekenfähr südlich von Lingen. Die vier Silberlinge sind für die große Schnellzuglok ausgesprochen leichte Kost.

044 231 und 042 347 schleppen im August 1970 südlich von Lingen einen 4000 t-Erzzug vom Hafen Emden in Richtung Ruhrgebiet. Diese langen und schweren Züge mit 50 Erzwagen wurden „Langer Heinrich“ genannt.

Die vierzig mit Neubaukessel und Ölfeuerung ausgerüsteten 042 des Bw Rheine waren auf der Emslandstrecke vertretungsweise im Schnellzugdienst aber auch mit Übergaben zu Werksanschlüssen zu finden. Klassisch war der schnelle Güterzugdienst, in dem 042 271 im August 1970 bei Hanekenfähr zu sehen ist. An erster Stelle läuft als Begleitwagen ein Pwghs-54.

Der E 1630 Norddeich Mole – Köln führt einen Postwagen mit sich und am Zugschluss einen Kurswagen von Emden Außenhafen, so dass auch Feriengäste von der Insel Borkum den Zug nutzen können. Im August 1970 befördert 012 057 den Zug bei Hanekenfähr südlich von Lingen. Die ungepflegt wirkende Lok wird als eine der ersten 012 in Rheine bereits im November 1970 schadhaft abgestellt, im August 1971 z-gestellt und Ende des Jahres ausgemustert, nachdem der Rheiner Bestand durch erste Zugänge aus Hamburg Zuwachs bekommen hatte.

Die gut gepflegte 011 072 hat im Juli 1970 eine letzte L0-Untersuchung erhalten und verlässt im selben Monat mit E 40631 Salzbergen in Richtung Emden. Bei dem Zug handelt es sich vermutlich um einen Verstärkerzug zum E 1631, der morgens um halb sechs Uhr Düsseldorf verlässt und kurz nach elf Uhr sein Ziel Norddeich Mole erreicht und auf der Aufnahme auf der Seite rechts …

… diesmal mit der anlässlich einer L2-Untersuchung per 16. Juli 1970 im AW Braunschweig frisch dem Farbtopf entstiegenen 012 052 vermutlich am selben Tag ebenfalls Salzbergen verlässt. Gut eineinhalb Jahre später wird die Lok im Februar 1972 wegen eines gerissenen Mittelzylinders und verbogener Treibstange abgestellt und im April ausgemustert.

So wie das Erz aus Emden ins Ruhrgebiet gebracht wurde, nahm die Kohle den umgekehrten Weg. Die beiden in Emden beheimateten 044 219 und 044 326 ziehen im September 1970 ihren langen Zug aus zweiachsigen E-Wagen bei Bentlage nordwärts.

Von Meppen nach Münster fährt am späten Vormittag der Nahverkehrszug 2230, der mit der Emder 023 103 im spätsommerlichen September 1970 bei Bentlage nördlich von Rheine am Fotografen vorbeirollt. Die am 30. Oktober 1959 in Minden in Dienst gestellte Lok ist seit einem drei viertel Jahr in Emden und wird ein Jahr später nach Saarbrücken weiter gegeben und an ihrem vierzehnten Geburtstag z-gestellt werden.

Während die Strecke nach Emden von Dampfloks beherrscht wurde, waren auf der Hannoverschen Westbahn Löhne – Osnabrück – Rheine und ihrer Fortsetzung in die Niederlande hauptsächlich Dieselloks und -triebwagen eingesetzt. An einem Septembertag 1970 bespannt die in Hannover beheimatete 220 077 bei Bentlage den E 1520 von Goslar nach Hengelo. Die Lok erlebte übrigens noch eine späte Wiedergeburt ab 1986 als Am 4/4 18467 bei den Schweizerischen Bundesbahnen.

Schon im September 1969 macht 012 057 einen abgewirtschafteten Eindruck, als sie mit dem Silberlingszug D 1334 von Norddeich Mole nach Köln nachmittags gegen 16 Uhr in Rheine einfährt.

Aus Richtung Münster kommend ist südlich von Rheine an einem allerdings leeren Erzzug im September 1970 die Standardbespannung für den „langen Heinrich" mit zwei ölgefeuerten 043ern, hier 043 431 und 043 746, zu sehen.

Der herausragende Starzug auf der Emslandstrecke war zweifellos der D 715 München – Norddeich Mole mit dem Laufweg über Stuttgart – Heidelberg – Darmstadt – Frankfurt – Gießen – Hüttental-Weidenau – Hagen – Hamm – Münster. Kurz nach sieben Uhr morgens geht es los. Um halb acht Uhr abends ist das Ziel nach gut 950 Kilometern erreicht. Vor wenigen Minuten hat 012 063 den Zug um viertel vor fünf Uhr in Münster übernommen und nimmt bei Nevinghoff im September 1970 Fahrt auf.

Einen nahezu identischen Lebenslauf mit der zwei Wochen jüngeren 23 103 hat die 023 102, die mit Nahverkehrszug 2230 Meppen – Münster um die Mittagszeit südlich von Rheine ihrem Ziel entgegen rollt. Hinter dem Stellwerk sind die Rauchschwaden des Betriebswerkes Rheine zu sehen, welches im September 1970 bereits zu einem Mekka der Eisenbahnfreunde geworden ist und diese Rolle noch weitere sieben Jahre behalten wird.

In Münster fand, seitdem der Fahrdraht im September 1966 von Süden mit der Rollbahn von Wanne-Eickel aus die Stadt erreicht hatte, der Wechsel zwischen Dampf- und E-Betrieb für die Emslandstrecke statt. 012 057 nimmt im September 1969 im dortigen Betriebswerk Wasser. Ab Mai 1972 war der elektrische Betrieb bis Rheine möglich und damit der Lokwechsel dorthin verlagert.

Der in Rheine beheimatete 515 599 ist zusammen mit seinem Steuerwagen und einer weiteren Garnitur als E 1905 Münster – Gronau um kurz nach halb fünf Uhr in Münster abgefahren und summt im September 1970 bei Nevinghoff am Fotografen vorbei.

012 064 hat im September 1970 in Münster den E 1631 Düsseldorf – Norddeich Mole von einer E-Lok übernommen. An erster Stelle ist ein damals noch sehr verbreiteter Behelfspackwagen der Bauart MDi vor den obligatorischen Silberlingen eingereiht.

Die Kursbuchstrecke 224c Rheine – Bottrop – Oberhausen/Essen ist nahezu komplett in der Hand der Rheiner Akku-Triebwagen. Zu den wenigen Lok-bespannten Zügen gehört der abendliche 2620 von Rheine nach Oberhausen. Im September 1968 gibt der neunminütige Aufenthalt in Dorsten Gelegenheit zu dieser Aufnahme mit 042 083.

Als der Dampfbetrieb in Osnabrück zu Ende ging wurden die vorher in München beheimateten E 04 im Frühjahr 1968 nach Osnabrück umstationiert, um Mitarbeiter dort besser auszulasten. 104 019 nimmt Helmut Bittner im Juni 1969 in Hamm mit dem Nahverkehrszug 2261 Hamm – Leer auf. In Münster wird eine Dampflok übernehmen.

Letzte Pazifiks in Ost-Niedersachsen und Ostwestfalen

Über die kurze Distanz von 55 Kilometern verkehrt am frühen Sonntagmorgen der E 419 von Hameln nach Hannover, wo er im Mai 1968 mit der blumengeschmückten 01 138 eintrifft.

Vom Samstag, den 27. April bis Sonntag, den 5. Mai 1968 waren die Verkehrstage des D 2385, der am späten Abend Nürnberg verließ und über Bebra um 3:11 Uhr in Kassel Hbf ankam. Dort bestieg ihn vor der Abfahrt, die erst um 4:37 Uhr mit der Kasseler 01 1056 erfolgte, Helmut Bittner und fuhr mit ihm über Altenbeken Kurve und Hameln zum Zielort Hannover Hbf, wo der Zug um 8:05 Uhr ankam.

01 104 verlässt im Mai 1968 Hannover-Linden mit dem E 668 Norddeich – Bremen – Hannover – Hameln. Die Hanomag im Hintergrund baute in dieser Zeit noch leichte Nutzfahrzeuge und Traktoren, ehe sie 1984 nach diversen Fusionen und Übernahmen Konkurs ging. 2016 schließlich tilgte Komatsu den alten Namensteil aus der Firmenbezeichnung.

Ende 1968 waren in Braunschweig von der Baureihe 03 nur noch 03 114 und 03 131 aktiv, die ohne eigenen Umlaufplan nach Bedarf eingesetzt wurden. So war 03 131 im Dezember 1968 für die Bespannung eines Schnellzuges zuständig, mit dem sie Helmstedt erreicht hat und den Zug an eine Reichsbahnlok übergibt.

Die Eilzüge E 387/388 und E 481/482 gehörten auf dem Abschnitt Altenbeken – Osnabrück zu den letzten Planleistungen der Hannoveraner 01. Die Neubaukessel-Lok 01 206 ist im September 1968 – kurz vor Ende der Leistungen – abends um 20:39 Uhr mit E 388 in Altenbeken angekommen. Eine Viertelstunde später wird der hintere Zugteil zusammen mit dem als E 688 aus Rheine gekommenen Zug seine Fahrt als E 388 nach Bebra fortsetzen, wo er nach Fahrtrichtungswechsel in Kassel um 23:30 ankommt.

Der E 549 Duisburg – Göttingen hat einen eher ungewöhnlichen Laufweg über Dortmund, wo ihn die Paderborner 01 133 übernommen hat, und Unna. Im Juli 1968 hat er in Lauenförde noch gut 50 Kilometer bis zum Ziel vor sich. Die Luftpumpe bekommt gerade etwas Nachhilfe vom Heizer. Links am Güterschuppen steht eine Kö I.

Im August 1968 führt wieder 01 133 den E 549 Duisburg – Göttingen, der hier um halb sechs Uhr am frühen Abend sein Ziel erreicht hat. Kurz vor sieben Uhr wird die Lok mit dem E 318 in die westfälische Heimat zurück fahren.

Von Kassel über das Eggegebirge nach Westfalen

Noch im Sommer 1968 waren Paderborner 01 vor dem sogenannten Interzonenzugpaar D 1097/1098 zu finden, welches von Duisburg über Dortmund, Hamm, Altenbeken, Kassel, Bebra, Erfurt, Gera, Zwickau und Karl-Marx-Stadt nach Dresden Hbf verkehrte. Für die Fahrt quer durch die Mitte Deutschlands waren gut dreizehn Stunden zu veranschlagen. In Kassel Hbf hat 01 199 im Juli 1968 den D 1098 für den Abschnitt bis Hamm übernommen.

Eine Füllleistung im Umlaufplan war der Zug 2690, der abends von Kassel ins 32 Kilometer entfernte Hümme fuhr und für diese Distanz 40 Minuten benötigte. Im Oktober 1968 wartet in Kassel Hbf 44 1133 mit vier Umbauwagen auf die Abfahrt. Das Lokgewicht übersteigt das Wagengewicht deutlich.

Nur über zwölf Kilometer geht die Zugfahrt des 1242, der Kassel Hbf um 6:44 Uhr verlässt und sein Ziel Weimar (Bez. Kassel) – gelegen an der Strecke nach Korbach und Marburg – um 7:03 erreicht. Im August 1968 nimmt Helmut Bittner die Kasseler 50 2907 bei Vellmar-Obervellmar auf und wartet dort auch die Rückkehr mit dem 1243 ab (großes Foto), der Weimar bereits sieben Minuten nach Ankunft wieder verlässt und Kassel Hbf um 7:30 erreicht. Im Vordergrund die Strecke nach Warburg.

Die schwarze Qualmwolke der ölgefeuerten Kasseler 043 469 mit ihrem Güterzug kontrastiert zur schneebedeckten Landschaft bei Mönchehof im Januar 1970.

Die in Bestwig beheimatete 023 018 ist am späten Vormittag mit Nahverkehrszug 2675 nach Kassel gerade in Warburg (Westf) abgefahren. Ein halbes Jahr nach der im März 1970 entstandenen Aufnahme wird die Lok nach Saarbrücken abgegeben, während ihre letzten Sauerländer Kolleginnen noch bis Anfang 1971 in Bestwig verbleiben.

Im März 1970 ist die Ottbergener 044 579 mit ihrem Güterzug bei Warburg (Westf) unterwegs. Auf diesem Streckenabschnitt waren die Ottbergener Kohleloks eher selten zu sehen.

Knapp die Hälfte der etwa dreißig Wagen dieses Güterzuges sind Kühlwagen. Die Hamelner 050 512 ist im März 1970 bei Warburg (Westf) aus Altenbeken in Richtung Kassel unterwegs. Das linke Gleis führt nach Scherfede. Der Hektometerstein 290,3 zeigt die Entfernung von Aachen über Düsseldorf – Wuppertal – Hagen – Brilon – Scherfede an. Die Zählung wird einerseits über Warburg bis Kassel und andererseits von Scherfede nach Holzminden fortgesetzt.

Die letzten preußischen G 10 der Baureihe 57 wurden 1968 von Hagen nach Bestwig abgegeben, ohne dass sich an ihren Verschubaufgaben in Hagen etwas änderte. Allerletzte Dienste leisteten einige von ihnen Anfang 1970 in Warburg im Bauzugdienst für die anstehende Elektrifizierung. Im März 1970 ist 057 387 im Bw Warburg (Westf) zu sehen.

Der Morgensonne entgegen stürmt die Paderborner 044 210 im Dezember 1970 mit ihrem Güterzug nach Kassel die Rampe zum Streckenscheitel bei Neuenheerse empor. Wie die Anschrift an der Pufferbohle verrät hat die Lok wenige Tage zuvor das AW Braunschweig frisch untersucht und lackiert verlassen. Im Personenverkehr ist ab dem 11. des Aufnahmemonats die E-Lok zuständig.

Der Anstieg von Paderborn herauf nach Altenbeken ist geschafft und die Kasseler 043 121 setzt im Dezember 1970 mit krachenden Auspuffschlägen ihre Fahrt über die letzten Steigungskilometer bis Neuenheerse nach Kassel fort. In diesen Tagen wird der elektrische Zugbetrieb von Hamm nach Kassel aufgenommen. Trotzdem halten sich die 44er noch bis zum Frühjahr 1973, weil nicht genügend leistungsstarke bzw. über genug Reibungsmasse verfügende (sechsachsige) E-Loks zur Verfügung stehen.

Der D 1098 Dresden – Duisburg besteht bis auf zwei oder drei Silberlinge ausschließlich aus Reichsbahnwagen, die mit ihren per Kurbel nach oben zu öffnenden und nur einen kleinen Spalt freigebenden Fenstern für bundesdeutsche Reisende ungewohnt waren. Die Paderborner 01 227 trifft mit dem Zug im August 1968 in Altenbeken ein. Im Hintergrund das am 1. Dezember 1963 in Betrieb genommene Zentralstellwerk Af.

Der E 1811 Altenbeken – Hameln wurde im Sommer 1970 als Triebwagen gefahren. Im folgenden Winterfahrplan ist er Lok-bespannt. So ist im November 1970 die Ottbergener 044 571 mit einem E30-Eilzugwagen und drei Umbauwagen im Einsatz. Hier verlässt der Zug im November 1970 Altenbeken und wird etwa 300 Meter weiter im Rehberg-Tunnel verschwinden. Im Rücken des Fotografen liegt das Gleis 200, die Verbindungskurve für direkte Fahrten aus Richtung Norden nach Kassel (und umgekehrt) unter Umgehung von Altenbeken.

Die nördlich des Bahnhofsgebäudes in Altenbeken gelegenen Gleise 1 und 2 dienen hauptsächlich dem Verkehr aus Richtung Paderborn nach Hameln und Ottbergen. Die Ottbergener 044 256 wartet mit E 1811 nach Hameln im November 1970 auf Abfahrt. Reisende für diesen Zug überqueren Gleis 1 auf einem Bohlenweg.

Der Blick von der heute als Aussichtspunkt definierten Stelle auf den 482 Meter langen Altenbekener Viadukt darf nicht fehlen, auch wenn erst am späteren Nachmittag das Sonnenlicht für den Fotografen richtig steht. Im Juli 1969 ist 043 133 mit einem mäßig langen Güterzug auf dem Weg nach Kassel. Von der anstehenden Elektrifizierung sind noch keine Spuren zu sehen.

Auf dem links im Hintergrund des großen Fotos sichtbaren Dunetal-Viadukt rollt gerade ein Güterzug talwärts nach Paderborn, während sich 043 085 im Juli 1969 bergwärts kämpft. Die Lok gehört übrigens als ehemalige 44 1085 zu den sogenannten ÜK-Loks, die als Übergangs-Kriegsbauart einige Vereinfachungen erhalten hatten. Dazu gehörte das fehlende vordere Seitenfenster im Führerhaus.

Während zwischen Hamm und Altenbeken im Güterverkehr der Dampf dominierte, war es im Personenverkehr die Dieseltraktion. 220 075 gehörte im Oktober 1968 noch zum Bestand des Bw Hamm, wo sie im Mai 1959 auch ihren Dienst aufgenommen hatte. Mit dem Interzonenzug D 189 Mönchengladbach – Leipzig wird sie gleich den Altenbekener Viadukt überqueren.

Bergwärts fahrend hat die ölgefeuerte 44 1167 mit ihrem Güterzug nach Kassel den auch als „kleinen“ Viadukt bezeichneten Dunetal-Viadukt bei Neuenbeken, heute ein Stadtteil von Paderborn, gerade überquert und scheint mit ihrer Last erheblich zu kämpfen zu haben. Viel mehr als Schrittgeschwindigkeit ist offensichtlich nicht drin.

Bei herrlichem Winterwetter überquert 044 210 in der Dezembersonne 1970 mit ihrem Güterzug den Dunetal-Viadukt, der sich um die Mittagszeit im besten Licht zeigt. Außer einer Baumaschine fahren auch zwei Panzerhaubitzen im Zug mit.

Der Bahnhof Paderborn Kasseler Tor erlaubt die Nutzung nur auf der Sennebahn nach Bielefeld, nicht aber an der Kasseler Strecke. Im August 1968 ist 01 227 mit dem D 1097 Duisburg – Dresden am späten Vormittag gerade im 1,5 Kilometer entfernten Paderborn Hbf abgefahren und beschleunigt den aus Silberlingen und DR-Wagen bestehenden Zug.

Stippvisite in Löhne

Wir bleiben in Ostwestfalen und springen von Paderborn um rund 50 km Luftlinie an die viergleisige Magistrale Hamm – Minden. Am 29. September 1968 wird dort der elektrische Betrieb aufgenommen (bis Hannover bzw. Wunstorf), was Helmut Bittner Anlass genug ist, rund um Löhne und Herford noch einmal den ausklingenden Dampfbetrieb im Bild festzuhalten. Die hier mit einem aus leeren Rungenwagen bestehenden Güterzug in Richtung Ruhrgebiet südlich des Bahnhofs Löhne aufgenommene 44 1144 des Bw Hamm macht einen extrem ungepflegten Eindruck. Die Lok wird aber noch einige Jahre in Dienst stehen, auch noch als 044 144-4 ausgeschildert – was zum Zeitpunkt der Aufnahme, also im August 1968, eigentlich längst überfällig ist – und erst am 6. März 1974 in Hamm ausgemustert werden.

Wenige Kilometer von ihrer Löhner Heimat entfernt ist 41 338 im August 1968 mit einem Güterzug nördlich von Schweicheln auf den P-Gleisen in Richtung Süden unterwegs. Sie gehört zu den zu diesem Zeitpunkt noch acht in Löhne beheimateten Neubaukesselloks ihrer Baureihe. Über Bremen und Uelzen landet sie in Hameln und gehört zu den letzten Kohle-41 der DB, die 1971 ausgemustert werden.
Die im kleinen Bild sichtbare Station Schweicheln taucht im Kursbuch nur an der Strecke 219 Herford – Bünde – Rahden – Bassum auf, nicht aber an der Hauptstrecke 214 Hannover – Hamm. Auf dieser fährt die Hildesheimer 44 335 mit ihrem Ganzzug nach Süden. Im Herbst 1968 wechselt sie nach Ehrang und wird sich bis 1972 auf der Moselstrecke nützlich machen.

Zwischen Hagen, Köln und Siegen

Immerhin fünfzehn Loks der Baureihe 57 erlebten zumindest formal noch die Umzeichnung in die Baureihe 057. Während die Hagener Loks 1968 nach Bestwig umgesetzt wurden und sich bis in das Jahr 1970 hielten, endete in Haltingen der Einsatz zum Jahreswechsel 1968/69. 57 2721, die im Heimat-Bw Hagen Gbf im Januar 1968 mit einer Schwesterlok angetroffen wurde, musste noch im Frühjahr den Dienst quittieren, ohne ihre neue Nummer 057 721-3 getragen zu haben.

Auf der Rückfahrt vom AW Lingen ins Heimat-Bw Ehrang pausiert 001 039 am 15. November 1969 im Bw Wuppertal-Vohwinkel. Die Verwendung frischer Farbe wurde in den letzten Jahren bei AW-Aufenthalten gerne auf die Hervorhebung weniger Akzente beschränkt. Die Wirkung auf das Erscheinungsbild war aber trotzdem vorteilhaft.

Bei der Baureihe 55 erlebten noch 93 Loks formal die Vergabe neuer Nummern; allerdings verschwand noch 1968 fast die Hälfte der Loks aus dem Dienst. 55 4592 wird sich bei den Betriebswerken Gremberg und Neuss noch bis Mitte 1970 nützlich machen. Hier ist sie im Februar 1969 mit einem Schotterzug bei Siegburg unterwegs.

Nachdem in der BD Köln offiziell zum Sommerfahrplan 1968 der Betrieb mit Dampfloks im Schnell- und Eilzugdienst eingestellt wurde, erhielt das Güterzug-Bw Gremberg die restlichen 03-Loks zugeteilt und bespannte mit ihnen das belgische Militärzugpaar Dm 80655/80656 Brüssel – Siegen auf dem Abschnitt Troisdorf – Siegen. Für diesen Dienst steht im Februar 1969 in Troisdorf 03 077 bereit.

003 276 war im Mai 1968 aus Mönchengladbach nach Gremberg gekommen. Hier bespannt sie im August 1969 den Dm 80655 in Eitorf zwischen Siegburg und Betzdorf. Die Lok wurde zum 1. September 1970 in das 03-Auslauf-Bw Ulm weitergereicht und dort Anfang 1971 z-gestellt.

Im Juni 1969 hat 003 276 mit Dm 80655 den Zielort Siegen erreicht und kurz zurückgedrückt, damit das Entkuppeln erleichtert wird. Links führt die Freudenberger Straße die Rampe hinauf zur den Bahnhof überquerenden Brücke.

Dillenburg

Die Strecke von Betzdorf nach Haiger stellt gegenüber dem Weg über Siegen eine kürzere (und auch die ältere) Verbindung von Köln nach Wetzlar und Gießen dar. 044 594 ist im Juni 1970 mit einem Güterzug aus Dillenburg in Richtung ihres Heimatortes Betzdorf westlich von Allendorf im Dillkreis unterwegs.

Die Betzdorfer 044 357 passiert mit ihrem Güterzug nach Dillenburg im Juni 1970 den Haltepunkt Allendorf (Dillkr) bei Haiger.

Der Hauptverkehr in Dillenburg lief auf der Relation Hagen – Gießen und wurde seit 1965 von E-Loks bewältigt. Trotzdem war hier der Dampfbetrieb aus Richtung Betzdorf noch allgegenwärtig. Im Mai 1969 trifft 044 596 mit ihrem Güterzug in Dillenburg ein. Rechts im Hintergrund ist der Bahnsteig des an der Strecke nach Ewersbach gelegenen ehemaligen Haltepunktes Dillenburg Kurhaus zu erkennen.

Die In Dillenburg beheimatete 052 580 erreicht im Mai 1969 mit dem Nahverkehrszug 1615 aus Herborn den Bahnhof Dillenburg. Der werktags verkehrende Zug legt dabei nur sechs Kilometer mit einem Zwischenhalt in Niederscheld Süd innerhalb von zehn Minuten zurück und fährt mit Dampf unter Fahrdraht.

Im Juni 1970 steht die gut gepflegte 094 652 in ihrem Heimat-Bw Dillenburg und wartet auf den nächsten Dienst auf der Dietхölztalbahn nach Ewersbach oder der Scheldetalbahn nach Gönnern und Biedenkopf, wobei auf letzterer die Nutzung ihrer Gegendruckbremse vonnöten ist. Übrigens war es gerade bei den ehemals preußischen Güterzugloks verbreitet, dass das Schild „Deutsche Bundesbahn“ bis zum Schluss erhalten blieb und kein DB-Keks spendiert wurde.

055 345 ist den meisten Eisenbahnfreunden aus dem Eisenbahnmuseum Bochum gut bekannt. Von Gießen kommend war sie von Herbst 1968 bis Mai 1969 in Dillenburg beheimatet, ehe sie bis Ende 1970 in Duisburg-Wedau ihrer musealen Karriere entgegen sah. Zusammen mit der Betzdorfer 044 594 steht sie im April 1969 im Bw Dillenburg. Die 55er wurden übrigens in Dillenburg von Mitte 1967 bis Mitte 1968 durch 65er im Rangierdienst abgelöst, die dann wiederum durch 55er abgelöst wurden!

An der südlichen Drehscheibe in Dillenburg gab es nie einen Lokschuppen. Auf den Freigleisen sind im April 1969 die schadhaft abgestellte und später wieder in Betrieb genommene 094 540, 094 538, ein Klima-Schneepflug, die ausgemusterte 055 656, die z-gestellte 055 599 sowie 044 594 und 055 345 auszumachen.

Auf der Strecke nach Ewersbach bringt 094 080 im Mai 1969 in Dillenburg Nord Güterwagen vermutlich ins dortige Industriegebiet, welches auch heute noch bedient wird.

Am 4. Juli 1970 leistet 094 639 Dienst in Dillenburg Nord und hat in ihrem Güterzug fünf Wagen mit Stahl-Coils eingereiht, die sie aus dem Stahlwerk abgeholt hat.

Die Strecken von Dillenburg nach Ewersbach und Biedenkopf wurden im Kursbuch in einer Tabelle geführt. Seit dem Sommerfahrplan 1970 ist es die Kursbuchstrecke 239m, zuvor war es die 251a. Betrieblich wurden beide Streckenteile aber weitestgehend getrennt bedient. 094 639 hat am frühen Nachmittag des 4. Juli 1970 mit dem eigentlich als Schienenbus verkehrenden Nahverkehrszug 3241 Ewersbach – Dillenburg den Bahnhof Frohnhausen (Dillkr) erreicht.

Markantes Bauwerk auf der Scheldetalbahn war der große Viadukt in Niederscheld, der übrigens bis heute existiert, obwohl seit 1987 dort kein Zug mehr fährt. 094 652 ist im April 1969 mit dem Nahverkehrszug 3175 am frühen Nachmittag unterwegs nach Gönnern.

Von Mönchengladbach nach Aachen

Das Bw Mönchengladbach war, abgesehen von der folgenden Verlegenheitslösung Gremberg, in der BD Köln Auslauf-Bw für die Baureihe 03, die bis zum Ende des Winterfahrplans 1967/68 vor allem zwischen Aachen und Mönchengladbach eingesetzt wurde. 03 127 war Anfang 1968 aus Bremen zugereist und steht hier im Februar 1968 an der Bekohlungsanlage des neuen Heimat-Bw.

Der E 4712 startet früh um sechs Uhr in Iserlohn und wird von einer Hagener E 41 über Letmathe, Hagen, Wuppertal, Düsseldorf und Neuss nach Mönchengladbach gebracht. Dort übernimmt ihn zwei Stunden nach der Abfahrt im Februar 1968 die 03 077, um ihn in einer Stunde und zwanzig Minuten über die Reststrecke von gut 60 Kilometern nach Aachen zu bringen.

Im März ist morgens um acht Uhr die Sonne schon aufgegangen und leuchtet diesmal die 03 077 mit dem E 4712 nach Aachen wunderbar aus. Mit Aufnahme des elektrischen Betriebes nach Aachen wird die Lok ab Ende Mai 1968 noch neun Monate in Gremberg Dienst leisten.

Ende der 1960er Jahre war die Baureihe 55 neben kurzzeitig wenigen Loks in Dortmund, Wanne-Eickel, Gießen und Dillenburg im Gebiet zwischen Duisburg, Köln und Aachen am stärksten vertreten. Die Bahnbetriebswerke für die letzten preußischen G 8^1 waren Aachen, Duisburg-Wedau, Gremberg, Hohenbudberg, Neuss und Rheydt. Im Februar 1968 wartet 55 3149 in ihrem Heimat-Bw Rheydt auf den nächsten Einsatz. Eigentumskennzeichnung und Betriebsnummer sind Farbanschriften, die nicht der Norm entsprechen. Was es mit „Führer Paul" auf sich hat, wird sich nicht mehr klären lassen.

Mit einem langen Kohlenzug ist die in Hohenbudberg beheimatete 50 188 bei Tenholt im März 1968 auf dem Weg nach Aachen, während der Fahrdraht vom nahen Ende der Dampftraktion kündet.

03 220 unterquert bei Tenholt südlich von Erkelenz im März 1968 eine alte Brücke, die bei der Elektrifizierung erhalten blieb, weil das Profil für die Oberleitung ausreichte. Am Haken hat die 03 den E 194, der von Hamm über Dortmund, Wanne-Eickel, Duisburg und Krefeld nach Aachen fährt. Im Feiertagsverkehr beginnt er sogar als D 194 in Hamburg-Altona.

03 220 ist mit dem E 581 Aachen – Hamm im März 1968 nordwestlich von Baal unterwegs. Ab Duisburg wird der Zug zum D 581 heraufgestuft und verkehrt über Essen-Altenessen ans Ziel.

Zwischen Herzogenrath und Kohlscheid mussten wegen der 4,2 Kilometer langen Steigung von 14 Promille schwere Güterzüge nachgeschoben werden. Auf halber Strecke der Steigung liegt die Blockstelle Pesch, die 50 788 am 1. März 1968 gerade mit ihrem Kokszug nach Aachen passiert.

Der Kokszug mit 50 788 wird durch 50 610 und 50 1694 nachgeschoben. Alle drei Loks sind in Aachen West stationiert.

Auf dem Nachschuss ist rechts das Blockstellengebäude Pesch zu sehen.

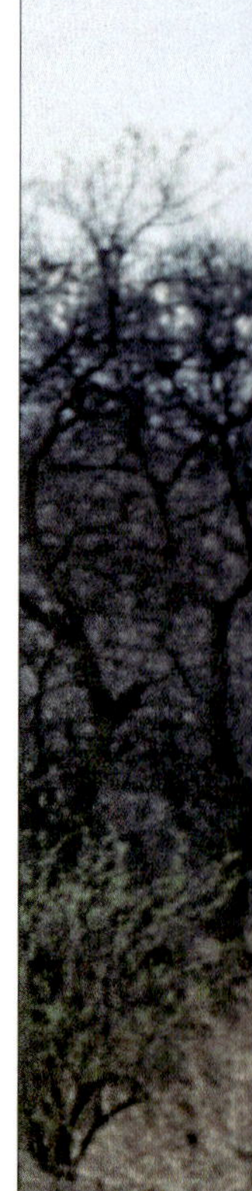

50 788

Der von der in Duisburg-Wedau beheimateten Neubaukessellok 41 174 gezogene Güterzug wird am 1. März 1968 bei Herzogenrath von 50 2474 nachgeschoben. Von der Schublok ist nur die Dampffahne zu sehen. Rechts daneben die Bergehalde von Merkstein, die heute zur Aussicht aufs Aachener Land einlädt.

Schubloks müssen nach getaner Arbeit die Rampe wieder hinunter. Hier ist die uns schon von Seite 104 bekannte 50 1694 am 1. März 1968 bei Herzogenrath fast unten angekommen. Im Hintergrund zeigt das Vorsignal zum Einfahrsignal „Fahrt mit Geschwindigkeitsbegrenzung auf 40 km/h erwarten“.

Im März 1968 ist 03 077 mit E 4712 aus Iserlohn in Aachen Hbf angekommen. Die Steuerung ist bereits auf Rückwärtsfahrt ausgelegt und die Lok wird den Zug gleich in die Abstellgruppe drücken und anschließend ins Bw Aachen West zum Restaurieren und Drehen fahren.

Um zehn Uhr verlässt der E 533, der hier im März 1968 von 03 251 bereitgestellt wird, Aachen Hbf. Der Zug nimmt den Weg über Düsseldorf, Wuppertal, Hagen, Schwerte, Unna, Soest, Paderborn, Holzminden, Kreiensen, Goslar und Wolfenbüttel nach Braunschweig, wo nach achteinhalb Stunden die Fahrt quer durchs Land endet. Die 03 übernimmt nur die ersten 62 Kilometer bis Mönchengladbach.

03 179 verlässt im April 1968 Köln Hbf mit E 297 nach Mönchengladbach. Der Zug ist von Frankfurt über die rechte Rheinstrecke kurz nach 17 Uhr in der Domstadt angekommen, wo ihn die Lok aus Mönchengladbach übernommen hat. Auch zwischen Köln und Mönchengladbach wird der elektrische Betrieb zum Sommerfahrplan 1968 aufgenommen.

Durch die Eifel nach Trier

Der morgendliche D 152 Köln-Deutz – Saarbrücken war einer von zwei D-Zügen, die die Eifelbahn befuhren. Die Trierer 01 123 hat gerade Köln Hbf verlassen und durchfährt den Bahnhof Köln West. Im April 1968 lassen die niedrigen Temperaturen die Dampffahne schön zur Geltung kommen. An dritter Stelle ist im Zug ein 2.-Klasse-Wagen mit Büffetraum für Selbstbedienung eingereiht.

Gut neunzig Kilometer von Köln entfernt hat D 152 in Jünkerath etwa ein Drittel der Fahrtstrecke zurückgelegt. Das Personal von 01 123 nutzt den Halt von planmäßig nur einer Minute, um Wasser zu fassen und Helmut Bittner die Gelegenheit für ein Foto bei bestem Frühlingswetter im April 1968. Die gut gepflegte Lok trägt ein L2-Untersuchungsdatum des AW Schwerte vom 10.7.66.

Wenn die Bahnhofsuhr richtig geht, hat 01 123 mit dem D 152 nach Saarbrücken im April 1968 in Gerolstein eine dreiviertel Stunde Verspätung, Einige Fahrgäste scheuen offensichtlich den offiziellen Weg durch die Unterführung und nutzen den Dienstweg.

Der E 553, der hier im April 1968 mit 01 073 bei Ehrang aufgenommen wurde, hat am späten Vormittag Saarbrücken verlassen und wird über Köln. Essen, Dortmund, Hamm und Münster nach knapp zehn Stunden am späteren Abend sein Ziel, den Kopfbahnhof Emden Süd, erreichen. Freitags drückt der Zug aus diesem zurück und setzt seine Fahrt ins dreißig Kilometer entfernte Norden fort.

39 106 war von Februar bis Oktober 1962 beim Bw Jünkerath stationiert und auf der Eifelbahn unterwegs. 1963 wurde sie zu einer Heizlok umgebaut und tat ab 1964 Dienst unter der Nummer Sbr 7007. Im Mai 1968 trifft Helmut Bittner sie im Bw Trier an.

Mit dem nachmittäglichen D 611 Trier – Heidelberg verlässt 01 235 im April 1968 Trier Hbf. Die Lok war übrigens 1926 als Vierzylinder-Verbundlok unter der Nummer 02 010 von der Deutschen Reichsbahn als eine der ersten Einheitsloks in Dienst gestellt und im Herbst 1938 auf Zwillingstriebwerk umgebaut worden. Bereits im Mai 1968 wird die Lok z-gestellt und sicher ihre neue Nummer 001 235-1 nur auf dem Papier getragen haben.

01 108 beendete am 7. August 1968 den Dienst der Baureihe 01 auf der Eifelbahn. Im Juli 1968 steht sie hier mit dem E 553 Saarbrücken – Emden Süd pünktlich zur Abfahrt bereit. Das gewaltige Pilzstellwerk hat – wie sein kleineres Pendant auf der Südseite – inzwischen schon lange ausgedient und ist verschwunden. Der Zugführer wird das Ladegeschäft am Packwagen aufmerksam beobachten und dabei die Uhr am Stellwerk im Blick behalten, damit der Zug in drei Minuten den Bahnhof pünktlich verlassen kann.

An der Mosel

An der nördlichen Ausfahrt des Bahnhofes Ehrang verzweigen sich die Strecken nach Koblenz und Köln. 01 061 des Bw Trier hat im April 1968 den aus fünf Silberlingen bestehenden E 825 Trier – Koblenz am Haken, mit dem sie links auf die Moselstrecke abbiegt, während rechts bzw. im Bildvordergrund die Eifelbahn abzweigt.

Während an der nördlichen Drehscheibe im Bw Ehrang ein Ringlokschuppen vorhanden war, befanden sich an der südlichen offene Strahlengleise, die immer gut belegt waren. Insgesamt sind hier im April 1968 zehn Loks der Baureihen 44 und 50 auszumachen.

Über 35 Kilometer verläuft die Moselstrecke zwischen Schweich und Bengel weit entfernt vom namensgebenden Fluss. Im August 1970 hat sich 001 073 mit dem Zug 2452 von Koblenz nach Trier mit der Durchfahrt durch den Reilerhals-Tunnel zwischen Pünderich und Bengel soeben von der Mosel abgewendet. Die ehemalige Trierer Lok war kurzzeitig nach Saarbrücken und Hof abgewandert und leistet zum Aufnahmezeitpunkt Dienst beim Bw Ehrang.

Auch die Baureihe 624 war seinerzeit in Trier heimisch. Im Juni 1968 ist Nahverkehrszug 2437 am späten Vormittag bei Pünderich von Trier nach Koblenz unterwegs. Gut ein Jahr später wurden übrigens einige der Trierer Einheiten auf gleisbogenabhängige Wagenkastensteuerung – eine Frühform der Neigetechnik – umgebaut, die sich allerdings nicht bewährte.

Die beiden Aufnahmen dieser Doppelseite konnten so entstehen, weil am Richtungsgleis Koblenz – Trier gebaut wurde. 44 367 verlässt im Juni 1968 mit einem Güterzug nach Ehrang den Prinzenkopf-Tunnel bei Pünderich. In der Gegenrichtung wird 44 564 mit einem langen Güterzug nach Koblenz gleich in den Tunnel einfahren (Seite rechts).

44 564

Der Ort Pünderich befindet sich auf der anderen Moselseite als die Moselstrecke. Der mit 786 Metern längste Eisenbahn-Hangviadukt in Deutschland trägt trotzdem den Namen des Ortes. Im Juni 1968 ist 044 202 mit einem aus französischen Wagen bestehenden Kohlenzug nach Ehrang unterwegs und verräuchert die Weinberge. Am Zugschluss hilft von Cochem bis Wittlich eine 290, deren erste Exemplare für das Bw Trier im April geliefert wurden. Im Hintergrund das Portal des Prinzenkopf-Tunnels.

Die beiden Loks 23 024 und 23 025 waren 1953 von Jung gebaut worden und als erste 23er mit Mischvorwärmern der Bauart Henschel MVC und Rollenlagern an den Stangen sowie der neuen Führerhausbauart ausgerüstet worden. Gegenüber den späteren Loks mit Heinl-Mischvorwärmer hatten sie einen sehr breiten Rauchkammersattel, in dem ein Heißwasserspeicher untergebracht war. Die Saarbrücker 23 025 ist ebenfalls bei Pünderich im Juni 1968 mit dem Zug 2448 von Koblenz nach Trier unterwegs.

Südlich von Bullay überquert die Moselstrecke den namensgebenden Fluss auf einer Doppelstockbrücke, in deren unterer Etage der Autoverkehr seinen Platz hat. Auf dem Weg nach Frankreich oder Luxemburg überquert 44 568 im August 1970 mit einem Koks- bzw. Kohlenzug die Brücke auf der oberen Etage. Rechts von der Brücke ist auf Höhe der Straßenebene die ehemalige Trasse der privaten Moselbahn zu sehen, die in Bullay ihren Endpunkt hatte und sich auf der rechten Moselseite entlang des Flusses bis Trier schlängelte. Dadurch war die Strecke etwa doppelt so lang wie die Staatsbahnstrecke Bullay – Trier.

Zwischen den Moselbrücken bei Bullay und bei Ediger-Eller verläuft die Moselstrecke gut fünfeinhalb Kilometer rechts des Flusses. Nördlich von Neef wird dabei der 367 Meter lange Petersberg-Tunnel durchfahren, den 001 073 mit dem mittäglichen Nahverkehrszug 2452 von Koblenz nach Trier im September 1970 verlässt. Der Zug fährt wegen Bauarbeiten zur Elektrifizierung auf dem falschen Gleis.

023 024 folgt dem Zug 2452 knapp eine Stunde später mit dem 2456 von Koblenz nach Trier und verlässt den Petersberg-Tunnel gegen 15 Uhr. 23 024 behielt übrigens anders als ihre Schwester 23 025 bis zum Schluss die langgezogene klobige Verkleidung hinter dem Heißwasserspeicher des Mischvorwärmers unter der Rauchkammer.

Unmittelbar nördlich des gut 500 Meter langen Reilerhals-Tunnels befindet sich direkt an der Mosel der Abzweig der Bahnstrecke ins Weinstädtchen Traben-Trarbach, die betrieblich in Bullay beginnt und im Sommer 1970 planmäßig nur mit Schienenbussen betrieben wird. Mit einem Sonderzug ist im August 1970 die Saarbrücker 023 069 dorthin gelangt und lässt sich vor der Rückfahrt vor dem malerischen Bahnhofsgebäude aufnehmen.

Seit Oktober 1969 ist 001 128 vom Bw Hof nach Ehrang ausgeliehen, ehe sie im Mai 1970 offiziell dort beheimatet wird. Im April 1970 überquert sie mit ihrem Nahverkehrszug nach Trier die Moselbrücke bei Ediger-Eller, nachdem sie kurz zuvor den 4205 Meter langen Kaiser-Wilhelm-Tunnel durchfahren hat, dessen Südportal etwa einen Kilometer vom Flussufer entfernt liegt.

Im September 1970 steht am späten Vormittag die Saarbrücker 023 069 mit dem aus drei Silberlingen bestehenden Sonderzug D 14747 in Cochem bereit, um die Urlauber nach Hause zu bringen; schneller ginge es, wenn nicht nur eine Tür zum Einsteigen benutzt würde. Rechts der Lokschuppen des Betriebswerkes, an dessen Stelle sich natürlich heute ein großer Parkplatz befindet.

Helmut Bittner war oft früh auf den Beinen. So kann er im Juni 1968 schon um viertel vor sieben Uhr in Karden die Durchfahrt des Kohlenzuges mit 44 1512 und 44 1684 aufnehmen. Damals bezog sich das Bahnhofsschild nur auf den links der Mosel liegenden Ort Karden, während im Kursbuch der Klammerzusatz (Treis) ergänzt war. Heute ist der rechtsseitige Ortsteil Treis der bevorzugte bei der Bahnhofsbezeichnung Treis-Karden.

23 002 wurde am 12. Dezember 1950 als zweite 23er der DB abgenommen und hat ihren 25. Geburtstag im Dienst um knapp elf Wochen verfehlt, was sie zur langlebigsten 23 der DB machte. Im Juni 1968 ist die Saarbrücker Lok mit dem abendlichen Nahverkehrszug 2470 von Koblenz nach Bullay in Karden eingetroffen. An der Zugspitze laufen zwei Stückgutwagen.

Mit einer Reisegeschwindigkeit von 86 km/h stellt der E 1867 von Trier nach Koblenz eine flotte Verbindung her, deren Fahrzeit von 78 Minuten nicht einmal der kurz davor verkehrende Schnellzug aus Paris erreicht, der ebenfalls drei Zwischenhalte einlegt. Im März 1970 hat 001 039 bei Güls das Ziel fast erreicht.

Südlich von Güls verläuft die Strecke bei Winningen unmittelbar am Moselufer. Bei strahlendem Sonnenschein verqualmt 044 217 im Juli 1970 mit ihrem Güterzug nach Ehrang die Weinberge.

Vom Burgweg im Koblenzer Stadtteil Moselweiß fällt der Blick im März 1970 auf 044 969, die gerade mit einem Güterzug aus Ehrang die Gülser Moselbrücke überquert und ihr Ziel fast erreicht hat. Direkt über der Lok grüßt die katholische St. Servatius-Kirche in Güls.

Nach den Rheingold-Loks E 10 1265 bis E 10 1270 wurden 1963 und 1964 die Rheinpfeil-Loks E 10 1309 bis E 10 1312 in Dienst gestellt, die sich von ihren Vorgängern durch die Griffstangen und Trittbleche an der Frontseite unterschieden. 112 311 ist an einem Märzmorgen 1970 mit F 28 „Rheinblitz" von Dortmund nach München bei Koblenz unterwegs.

184 001 ist eine der fünf in Köln stationierten Viersystem-E-Loks der DB, die für den Verkehr nach Belgien, Frankreich, Luxemburg und die Niederlande geeignet waren, sich aber im Gleichstrombetrieb nicht gut bewährten. Daher kommt es auch zu Einsätzen, die eigentlich für eine 141 gut sind. Mit E 1802 aus Köln, der bis Bonn als Nahverkehrszug läuft, trifft die Lok im August 1970 in Koblenz Hbf ein.

Westerwald

Die Baureihe 82 war im Westerwald mit der Stationierung im Bw Altenkirchen seit Ende 1951 heimisch. 1966 ging die Zuständigkeit der Zugförderung auf das Bw Koblenz-Mosel über. Am Einsatz vor allem zwischen Neuwied, Siershahn, Altenkirchen und Montabaur änderte das nichts. 082 038 steht im Oktober 1970 mit Ng 16073 in Neuwied zur Abfahrt bereit.

Zwölf Kilometer von Engers entfernt liegt der Keilbahnhof Grenzau mit der sieben Kilometer langen Zweigstrecke nach Hillscheid. 082 038 führt im Oktober 1970 im Ng 16073 Bauzug- und Kranwagen mit. 82 038 und 82 039 wurden übrigens 1955 fabrikneu an das Bw Altenkirchen geliefert und blieben bis zu ihrer Abstellung 1971 beziehungsweise 1969 dem Westerwald treu.

Von Neuwied bis Engers geht es fünf Kilometer auf der rechten Rheinstrecke entlang, ehe der Zug auf die Brexbachtalbahn nach Siershahn abzweigt. 082 008 hat mit ihrem Güterzug im August 1970 nach der Abfahrt in Engers die ersten Steigungsmeter hinter sich gebracht und den Bahnhof Bendorf-Sayn durchfahren. Gleich wird sie den 146 Meter langen Sayner Tunnel durchfahren.

In Siershahn trifft die auch heute noch stark frequentierte Strecke von Limburg auf die Verbindung von Engers über Altenkirchen nach Au (Sieg). 082 040 wird Ng 16070 im Oktober 1970 nach Neuwied bringen. Dabei fahren einige Eisenbahnfreunde im beigestellten Umbauwagen mit. Die mit Gegendruckbremse ausgerüstete 82 040 wurde übrigens 1955 zusammen mit 82 041 nach Freudenstadt geliefert. Nachdem dort die Steilstrecken-V 100 den Betrieb auf der Murgtalbahn übernommen hatten, landeten beide Loks bei ihren Schwestern 82 038 und 039 in Koblenz, womit die komplette Nachbauserie hier versammelt war, ehe 82 041 schon im September 1967 z-gestellt wurde.

Die zehn Loks 82 013 bis 82 022 wurden mit Oberflächenvorwärmer geliefert. Nach einem halbjährigen Einsatz in Hamburg wechselten 82 020 und 82 021 nach Altenkirchen und blieben dann bis zu ihrem Ende dem Westerwald treu. 082 021 ist im Oktober 1970 schon etwas heruntergekommen, als sie im Bw Siershahn auf den nächsten Einsatz wartet. Das Betriebswerk befand sich südlich des Bahnhofes zwischen den beiden Streckenästen nach Engers und Limburg; heute ist das Areal komplett abgeräumt. 82 021 erreicht übrigens als letzte Lok dieser Serie knapp das Jahr 1972 im Dienst.

082 040 wartet im Oktober 1970 in Raubach – auf halber Strecke zwischen Altenkirchen und Siershahn – mit Ng 16070 nach Siershahn und Neuwied auf die Abfahrt. Telegrafenleitungen, Spannwerke und Gepäckkarren sind neben der Dampflok Attribute der Eisenbahn, die längst verschwunden sind.

Odenwald und Unterfranken

Zwischen halb fünf und viertel nach fünf Uhr am Nachmittag verlassen drei Personenzüge Darmstadt und erreichen jeweils eine und eine viertel Stunde später das 52 Kilometer entfernte Erbach. Im Mai 1968 bespannt 65 018 den mittleren der drei Züge, den 1332 und wartet in Darmstadt Hbf mit seiner luftigen Bahnsteighalle auf die Abfahrt (kl. Foto). Der Nachschuss auf 65 018 mit Zug 1332 zeigt den auch heute noch vorhandenen Wasserturm mit Stellwerk Df und die Brücke der Bismarckstraße. Das Ausfahrsignal ist zur besseren Sichtbarkeit vor der Brücke in Zwergausführung gebaut.

Die aus der ersten Bauserie von 1951 stammende 65 005 bespannt den 1330, der als erster Pendlerzug nachmittags Darmstadt Hbf verlässt und gerade die gewaltige Postbrücke mit den Aufzügen zu den Zwischenbahnsteigen unterquert.

Die meisten der von Darmstadt ausgehenden Züge in den Odenwald enden in Erbach, wo im Mai 1970 065 001 am Gelenkwasserkran ihren Vorrat auffrischt. Die ersten sieben 65er wurden 1951 neu nach Darmstadt geliefert und dort bis auf zwei zwischen 1966 und 1971 auch ausgemustert. 65 001 und 65 004 wanderten zum Jahreswechsel 1970/71 für wenige Monate noch nach Aschaffenburg. Bis auf die schon 1968 beziehungsweise 1969 ausgemusterten 65 012 und 65 015 waren aber auch alle anderen 65er unterschiedlich lange in Darmstadt beheimatet gewesen.

Aus Richtung Miltenberg kommend hat die Aschaffenburger 50 2508 mit militärischem Transportgut im März 1968 Aschaffenburg Hbf erreicht. Der Zugführer bereitet sich in seinem Pwgs 41 schon auf den Ausstieg vor.

Im August 1969 dampft 064 367 um kurz vor sieben Uhr morgens mit dem Nahverkehrszug 3820 nach Miltenberg in Aschaffenburg-Obernau vorbei. An erster Stelle läuft ein kombinierter Post- und Packwagen der Bauart Pw Post 4 ü-28 mit dem markanten Oberlichtaufbau über dem Postabteil.

Im Juli 1970 ist bei Obernburg-Elsenfeld 023 005 mit E 1909 unterwegs. Der Zug hat um kurz vor sechs Uhr Lauda verlassen und eine und eine viertel Stunde später Miltenberg erreicht, wo er nach Überquerung der Mainbrücke in den heute aufgelassenen Hauptbahnhof zurücksetzen musste. Um viertel vor neun Uhr wird der ab Aschaffenburg von einer E-Lok beförderte Zug sein Ziel Frankfurt Hbf erreicht haben. Als Kuriosität am Rande sei vermerkt, dass der werktags verkehrende Zug nur nach Sonntagen in Faulbach und Dorfprozelten hält.

Nur samstags fährt der 3819 Miltenberg – Aschaffenburg als lokbespannter und umlaufbedingt aus zwei Garnituren bestehender Zug. Die beiden Aschaffenburger 50 080 und 64 106 erreichen mit ihm im März 1968 Obernburg-Elsenfeld in der Mitte der 37 Kilometer langen Strecke.

Mit dem aus Vorkriegs-Eilzugwagen und einem zweiachsigen Packwagen gebildeten Nahverkehrszug 3814 Aschaffenburg – Miltenberg erreicht im März 1968 die 64 106 den Bahnhof Obernburg-Elsenfeld.

In Obernburg-Elsenfeld zweigte seit 1910 die knapp 17 Kilometer lange Strecke nach Heimbuchenthal ab. Im März 1968 ist 64 024 mit dem nur samstags lokbespannten Zug 3839 nach Heimbuchenthal bei Obernburg-Elsenfeld unterwegs. Am 25. Mai 1968 endete der Personenverkehr, während auf der Hälfte der Strecke der Güterverkehr noch bis Ende 1978 fortgeführt wurde.

Im Mai 1968 sind in Heimbuchenthal die letzten Tage mit Schienenverkehr angebrochen. Der Kurzzug, der mit 64 335 den Endpunkt der Strecke von Obernburg-Elsenfeld erreicht, ist vermutlich der morgendliche 9287, der eine geschlagene Stunde und damit gegenüber den anderen Zügen doppelt so lange für die siebzehn Kilometer lange Strecke benötigt. An dieser Stelle erinnert der Straßenname „am alten Bahnhof“ noch an vergangene Zeiten, während die Bahntrasse heute als Radweg genutzt wird.

Im Januar 1969 herrscht in Wörth am Main sonniges Winterwetter, als die provisorisch mit neuer Nummer ausgerüstete 064 367 mit dem 3808 von Aschaffenburg nach Miltenberg unterwegs ist.

Während der Bahnhof von Klingenberg auf der linken Mainseite liegt, befindet sich der Ort auf der rechten Seite. Mit einem Güterzug nach Aschaffenburg hat die in Nürnberg beheimatete 051 362 den Bahnhof im August 1969 gerade durchfahren. Unter der Rauchfahne sind am Hang die Ruine der Clingenburg und darunter die Pfarrkirche St. Pankratius zu sehen.

064 019 hat im August 1969 mit dem Nahverkehrszug 2335 Miltenberg – Aschaffenburg um 14 Uhr den Bahnhofes Klingenberg am Main verlassen und soeben das Einfahrsignal der Gegenrichtung passiert.

Die 1893 eröffnete Grabfeldbahn von Bad Neustadt (Saale) nach Königshofen (Grabfeld) war letztes Einsatzgebiet bayerischer Lokalbahnloks bei der Bundesbahn. Bis zum 28. September 1968 starteten 98 812 und 98 886 im Wechsel werktags um 5:31 Uhr in Königshofen mit dem Zug 3940 nach Neustadt. Anschließend stand ein Güterzugpaar auf dem Plan, ehe es um 17:11 mit dem 3947, mit dem hier im August 1968 die 098 812 in Neustadt bereit steht, wieder zurückging. Sieben weitere in der Fahrplantabelle 418g aufgeführte Fahrten erledigte der Bus mit nahezu identischer Fahrtzeit von einer dreiviertel Stunde für 23 Kilometer.

Oberfranken und Oberpfalz

Selbst bei Altbau-E-Loks drückte Helmut Bittner damals eher selten auf den Auslöser, zu sehr stand noch die Dampftraktion im Mittelpunkt des Interesses. Im April 1968 macht er bei der gut gepflegten 194 049 eine Ausnahme, als diese in östlicher Richtung durch Nürnberg Hbf fährt.

Diese Stelle am Block Streitmühle auf der Schiefen Ebene dürfte wohl allen Eisenbahnfreunden bekannt sein, die um 1970 herum zu den Hofer 01 gepilgert sind. In der Kombination der Altbaukessel 001 111 mit der Neubaukessel 001 200 erklimmt der E 1791 von Würzburg nach Hof gegen neun Uhr morgens im Mai 1970 die Steigung.

Die anderen Abschnitte der Strecke Bamberg – Hof sind deutlich seltener als die Schiefe Ebene besucht worden. 001 111 ist auf dem zwischen Stammbach und Marktschorgast eingleisig zurückgebauten Abschnitt im Mai 1970 mit dem E 1794 Hof – Stuttgart bei Stammbach unterwegs.

Der nachmittägliche Personenzug 2850 von Hof nach Lichtenfels ist eigentlich für die 01 nicht angemessen, aber im Mai 1970 durchaus schon typisch. Südlich von Oberkotzau ist 001 229 an der sächsischen Saale mit der typischen Dampffahne der Neubauloks über dem Mischvorwärmer unterwegs. Rechts von der Lok ist auf Höhe der Kesseloberkante die Trasse der nach Weiden und Regensburg abzweigenden Strecke zu sehen.

Der D 546, mit dem 01 173 am 21. April 1968 Hof in Richtung Nürnberg verlässt, hat zur Mittagszeit Kurswagen aus dem D 146 von Dresden nach München übernommen. An erster Stelle läuft der Postwagen, gefolgt von zwei Silberlingen, die oft auch in Schnellzügen eingesetzt wurden. Das ehemalige Postgebäude rechts steht auch heute noch, der Gelenkwasserkran seit langem nicht mehr. Die zahlreichen Fotografen sind übrigens wegen einer DGEG-Sonderfahrt mit 01 234, 64 449 und 38 2279 nach Hof gekommen.

Nördlich von Neustadt (Waldnaab) führt die Bahnstrecke von Hof nach Regensburg in einem weiten Bogen unmittelbar am Ufer der Waldnaab entlang. Im Mai 1970 kommt um kurz nach sieben Uhr morgens 001 187 mit dem Nahverkehrszug 2202 an dieser Stelle vorbei. Die Zuggarnitur ist bemerkenswert zusammengewürfelt. Neben einem Schürzeneilzugwagen sticht vor allem das Pärchen von dreiachsigen Umbauwagen aus der Riege der Vierachser hervor.

Da der 2202 in Weiden eine Pause von 39 Minuten einlegt, ist es für Helmut Bittner eine leichte Übung, den Zug gut zwölf Kilometer weiter südlich noch einmal aufzunehmen. Zwischen Rothenstadt und Luhe-Wildenau passiert der Zug den Fotografen am Hektometerstein 80,4. In Weiden sind die drei vierachsigen Umbauwagen am Zugende abgehängt worden. Übrigens ist der 2202 der einzige Nahverkehrszug, der die gesamte 179 Kilometer lange Strecke befährt. Alle anderen sind nur auf Teilstrecken unterwegs.

Helmut Bittner hat manche Aufnahme in aller Herrgottsfrühe aufgenommen, und so entsteht im Mai 1970 auch diese Aufnahme der 001 150 mit dem um 5:18 Uhr in Hof abgefahrenen E 1804 Hof – München um halb sieben kurz nach der Abfahrt in Neustadt (Waldnaab). Die Lok, die 1935 fabrikneu an den Paraden zum 100-jährigen Jubiläum der deutschen Eisenbahnen teilnahm, wurde nach ihrer Ausmusterung Ende 1973 von dem Hemdenfabrikanten Walter Seidensticker erworben und so vor der Verschrottung bewahrt.

Zwischen 1886 und 1908 wurde in drei Etappen die fünfzig Kilometer lange Strecke von Neustadt (Waldnaab) nach Eslarn in der nördlichen Oberpfalz eröffnet, die betrieblich bis nach Weiden durchgebunden und damit sechs Kilometer länger war. Die Weidener 064 393 überquert im Mai 1970 gerade mit dem Nahverkehrszug 3821, der nur bis Vohenstrauß fährt, kurz nach der Abfahrt vom Neustadter Bahnhofsvorplatz die Brücke über die Waldnaab. Unmittelbar rechts neben dem Zug ist das Bahnhofsgebäude erkennbar.

In Pleystein legt 064 355 mit dem 3824 nach Weiden im Mai 1970 einen Halt ein. Der Verkehr auf der Strecke wurde übrigens weitestgehend von Weidener Schienenbussen der Baureihe VT 95 gefahren. Die Hälfte der Verbindungen wurde obendrein auf der Hälfte der Strecke ab Vohenstrauß nach Eslarn nur durch Busse bedient.
Im Kopf der Kursbuchtabelle 425d ist vermerkt, dass alle Züge nur 2. Klasse haben. So fehlt auch in der Garnitur des 3824 im Mai 1970 in Eslarn (Foto links) die 1. Klasse. Um 15:55 Uhr wird 064 355 mit dem Zug nach Weiden abfahren. Acht Minuten später ist mitten im Wald und gut 500 Meter vom Ort entfernt der nächste Halt in Pfrentsch; der Ortsname kommt bei neun Buchstaben mit nur ein Vokal aus!

Unter der Streckennummer 419b findet sich im Kursbuch Winter 1967/68 die Verbindung Lichtenfels – Coburg – Neustadt. Ursprünglich gehörte der südliche Abschnitt zur bayerisch-thüringischen Verbindung Lichtenfels – Eisenach, der nördliche Abschnitt war die früher rein thüringische Verbindung Coburg – Sonneberg; beide wurden 1858 eröffnet. Durch die deutsche Teilung nach 1945 wurde Coburg bayerisch und diverse Strecken im Grenzgebiet zerschnitten. Der Betrieb auf der Strecke 419b wurde bei den meisten Zügen in Coburg gebrochen, und so fährt auch der Zug 1059, der hier im April 1968 den Bahnhof Neustadt mit der Coburger 86 129 erreicht, nur ab Coburg. Die 86er waren in Coburg noch zwei weitere Jahre aktiv.

Von Heidelberg bis Friedrichshafen

Die meisten Heilbronner P 8 waren mit einem Wannentender gekuppelt, wie hier 038 499, die im August 1969 mit E 560 von Frankfurt nach Heilbronn den beschaulich am Neckar gelegenen Ort Schlierbach-Ziegelhausen durchfährt. Den Zug hat die Lok in Heidelberg übernommen und kehrt mit ihm nun in ihre Heimat zurück.

Nachdem 038 499 mit dem E 560 kurz vor 13 Uhr Heilbronn erreicht hatte, machte sie sich eine knappe Stunde später mit dem Gegenzug E 559 von Heilbronn nach Heidelberg auf den Weg, wo sie den Zug für die Weiterfahrt nach Frankfurt an eine E-Lok übergibt. Westlich von Schlierbach-Ziegelhausen bleibt der P 8 an diesem Augustnachmittag 1969 noch eine Reststrecke von etwa sechs Kilometern bis zu ihrem Zielort.

Der E 516 fährt von Bayreuth über Nürnberg und Crailsheim nach Heilbronn, wo ihn an einem Augustmorgen 1969 die 038 631 übernimmt und an sein Ziel Heidelberg bringt. Im Gegensatz zu den anderen in diesem Kapitel gezeigten Eilzügen verkehrt dieser Zug von Friedrichshall-Jagstfeld aus auf der 58 Kilometer langen Strecke über Sinsheim und Meckesheim und nicht über die dreizehn Kilometer längere Strecke am Neckar entlang via Mosbach und Eberbach. Auch diese Aufnahme entstand in Schlierbach-Ziegelhausen.

Die Crailsheimer 023 072 bespannt im August 1969 bei Schlierbach-Ziegelhausen den Nahverkehrszug 2342 von Osterburken nach Heidelberg. Die schon recht ungepflegt wirkende Lok war im September 1956 beim Bw Paderborn in Dienst gestellt worden und über die Zwischenstationen Bielefeld, Mainz, Bingerbrück und Kaiserslautern von 1966 bis 1972 in Crailsheim zu Hause, ehe sie bis 1975 in Saarbrücken ihre letzten Tage verbrachte

Die in Mannheim stationierte 051 511 hat mit ihrem Güterzug vor wenigen Augenblicken bei Neckargemünd den Neckar überquert und strebt im Abendlicht eines Oktobertages 1969 bei Neckarsteinach in Richtung Eberbach und vermutlich weiter nach Würzburg.

Im Sommer 1970 wurden Ulmer 03 im Crailsheimer Umlaufplan für die Baureihe 23 eingesetzt und kamen so manchmal bis nach Heidelberg. Im Juni des Jahres ist 003 248 früh um kurz vor sechs Uhr mit dem Nahverkehrszug 3857 in Heidelberg abgefahren, erreicht um viertel nach sieben Mosbach (Baden) und wird gleich ihre Fahrt nach Osterburken fortsetzen.

Eine halbe Stunde nach der Abfahrt in Mosbach legt der Nahverkehrszug 3857 mit seiner 003 248 in Seckach einen Halt von fünfzehn Minuten ein. Um kurz nach acht Uhr macht der Zug sich dann auf den Weg zu seinem Zielort Osterburken, welches um viertel vor neun Uhr erreicht wird. Am Zugschluss laufen drei gedeckte Güterwagen als Stückgutwagen mit – heute fährt für solche Zwecke nur noch der LKW.

Der E 1556 startet morgens um kurz vor neun Uhr in Crailsheim und gelangt über Schwäbisch Hall-Hessental nach Heilbronn, wo er um kurz nach zehn Uhr die Fahrtrichtung wechselt. Hier fährt er im Juni 1970 mit der Crailsheimer 023 040 über Friedrichshall-Jagstfeld und Sinsheim weiter zu seinem Zielort Heidelberg, wo er nach zweieinhalb Stunden Fahrzeit gegen halb zwölf ankommt. Mit einem Kurswagen 1./2. Klasse geht es nach vierzigminütigem Aufenthalt im E 1646 aus Würzburg weiter nach Primasens.

Die P 8 wurde gern als Mädchen für Alles bezeichnet, und so verlässt die Heilbronner 038 631 ihren Heimatort im Juni 1970 mit einem Güterzug nach Norden. Ob es nach Schwäbisch Hall oder nach Bad Friedrichshall-Jagstfeld und von dort dann entweder nach Heidelberg oder nach Osterburken weitergeht, ist nicht überliefert.

Die mit dem preußischen Kastentender ausgerüstete 038 751 war im August 1969 von Rottweil nach Tübingen umbeheimatet worden und ist im September 1970 in Horb im Güterzugbetrieb zu sehen. Den Ort hatte sie auch zu Rottweiler Zeiten oft erreicht.

E 17 108 war von 1933 bis Ende 1967 in Stuttgart beheimatet und verließ dann zusammen mit sechs Schwestern die württembergische Metropole nach Augsburg, wo alle anderen E 17 bereits versammelt waren. Einsätze nach Stuttgart standen aber weiter im Umlaufplan, und so ist die EDV-gerecht genummerte 117 108 auch im September 1969 in Ulm Hbf mit einem Schürzen-Postwagen anzutreffen.

Am 5. Juli 1968 wurde die auf der Federseebahn im Regelbetrieb seit 1964 eingesetzte Diesellok 251 902 schadhaft, und so musste die Reservelok 99 633 – wie bereits im Frühjahr – auch nun wieder einspringen. Im August 1968 geht die 1899 gebaute alte Dame in Bad Schussenried ihrer Arbeit nach. Am 31. Oktober des Jahres wird sie als vorletzte DB-Schmalspur-Dampflok z-gestellt.

Die 38 3637 war Ende 1957 mit Wendezugsteuerung ausgerüstet worden, welche bis zum Oktober 1963 in Limburg genutzt wurde. Nach einem kurzen Intermezzo in Darmstadt landete die Lok 1964 in der BD Stuttgart, wo letztlich ihr geschlossenes Führerhaus bis zur Ausmusterung Ende 1971 an die letzte ehemalige Wendezug-P 8 erinnerte. Im September 1969 bespannt die in Rottweil beheimatete Lok den E 585, der von Freiburg über die Höllentalbahn nach Villingen gekommen ist und ab hier durch die P 8 bis Tübingen befördert wird, von wo es elektrisch über Plochingen nach Stuttgart weitergeht.

Letztes Haupteinsatzgebiet der Ulmer 03 war die gut 100 Kilometer lange Strecke über Aulendorf nach Friedrichshafen. Im September 1969 hat 003 168 mit dem nachmittäglichen E 4692 Friedrichshafen Stadt erreicht und wird die Fahrt gleich mit geschobenem Zug zum gut 800 Meter entfernten Hafenbahnhof fortsetzen. Die Steuerung liegt schon auf Rückwärtsfahrt.

Sonderfahrten

Am 13. April 1968 fand mit der in Köln-Eifeltor beheimateten mit Altbaukessel ausgerüsteten 41 352 eine große Rundfahrt des FEK auf der Route Köln – Jünkerath – Trier – Koblenz – Köln statt. Als E 23465 ist der Zug nachmittags in Cochem auf der Rückfahrt. An erster Stelle läuft der ehemalige Reichsregierungs-Salonwagen 10209 Berlin, mittlerweile WG 4üe-38a/53 10834 Köln. Dahinter folgen die drei kurzen Doppelstock-Versuchswagen von 1950 sowie einer der langen Bauart von 1951.

Die Mindener 18 316 absolvierte am 12. Mai 1968 eine DGEG-Sonderfahrt von Frankfurt über Limburg und Koblenz nach Trier, wo sie im dortigen Bw auf die Trierer 01 10 und die Mönchengladbacher 03 072 traf. Die Rückfahrt führte über Bingerbrück und Mainz.

03 252 war eine der letzten betriebsfähigen Mönchengladbacher 03. Zusammen mit der Paderborner 001 133 bestritt sie die erste Etappe von Düsseldorf bis Paderbor bei der großen Pazifik-Abschiedsfahrt des EK. Beim Fotohalt in Duisburg-Großenbaum entstand am 2. März 1969 die Aufnahme der beiden Schnellzugloks mit ihrem e Wagen langen Zug.

Die zweite Mindener IVh, die schon mit neuer Nummer ausgezeichnete 018 323, bespannte am 13. April 1969 einen Sonderzug von Hannover nach Soest. Von dort ging es auf der WLE über Belecke nach Lippstadt, wo die IVh den Zug für die Rückfahrt wieder übernahm. Auf dem Hinweg entstand in Lippstadt die Aufnahme des neun Wagen langen Zuges.

Zu den ehemals Mönchengladbacher 03, die ein Zwischenspiel in Gremberg machten, ehe sie zum Finale nach Ulm gingen, gehörte auch 03 268, die hier am 27. April 1969 mit einem Sonderzug des Kölner Eisenbahn-Clubs nach Frankfurt in Friedrichssegen an der Lahntalbahn Station macht.

Am Karsamstag, den 5. April 1969 zog die Gremberger 55 4220 einen Sonderzug des FEK von Köln nach Dieringhausen, wobei in Rösrath diese Aufnahme entstand. Bis Olpe bespannte anschließend eine Diesellok den Zug, und von dort ging es mit 065 013 weiter über Betzdorf, Wetzlar, Limburg und Altenkirchen zurück nach Köln. Die 65 wurde eine Woche nach der Sonderfahrt von Limburg nach Darmstadt abgegeben. Der an erster Stelle im Zug eingereihte Gesellschaftswagen entstand übrigens aus Pw 4ü-37.

Auch wenn der alte Bahnhof in Volkach heute nicht mehr mit der Bahn erreicht werden kann, gibt es doch Planungen die Mainschleifenbahn von Seligenstadt aus bis zur Mainbrücke in Astheim für den Planverkehr zu reaktivieren. Die beiden letzten bayerischen Dampfloks der DB, die Schweinfurter 098 812 und 098 886 brachten am 3. Mai 1969 einen Sonderzug aus Würzburg nach Volkach und haben sich hier bereits für die Rückfahrt bereit gemacht.

Am 27. Juli 1969 galt es Abschied von den Schweinfurter T 18 zu nehmen. So bespannten 078 303 und 078 185 einen Sonderzug von Schweinfurt nach Fladungen, der hier in Nordheim einen Fotohalt einlegt. Auch heute noch können hier Dampfzüge unter anderem mit 98 886, die an diesem Tag auch zum Einsatz kam, erlebt werden.

Bei bestem Spätsommerwetter war 082 020 am 21. September 1969 mit einem EK-Sonderzug unterwegs, der auf dem Abschnitt am Rhein entlang auf Hin- und Rückfahrt von 044 093 befördert wurde. Die Fahrtstrecke führte von Düsseldorf über Remagen, Kreuzberg, an Dümpelfeld vorbei nach Hillesheim und Jünkerath. Von dort ging es über Gerolstein, Daun und Mayen nach Andernach und Düsseldorf zurück. Im beschaulich abseits des Ortes gelegenen Bahnhof Ahrdorf (Ahr) an der Strecke Dümpelfeld – Lissendorf wird ein Fotohalt eingelegt. Die Strecke wurde bereits 1973 stillgelegt, die Zweigbahn nach Blankenheim schon 1958. Das Bahnhofsgebäude wird heute als Tagungshaus genutzt.

Von Ulm kommend hat 003 246 am 13. September 1969 einen DGEG-Sonderzug nach Tuttlingen gebracht, der anschließend die Wutachtalbahn befahren wird. Die Lok ist übrigens mit einem Tender der ersten geschweißten Ausführung gekuppelt, wie sie 1936/37 von BMAG mit vierzehn 03-Loks geliefert wurden.

Die in Rottweil stationierte 038 357 dient am 13. September 1969 bei dem DGEG- und Eurovapor-Sonderzug auf der Wutachtalbahn als Zuglok, während 052 174 nachschiebt. Im Bild rechts erreicht der Zug Epfenhofen. Südlich des Bahnhofes folgt zunächst der Epfenhofener Viadukt, dann eine 270-Grad-Schleife und anschließend wird der im Hintergrund sichtbare Biesenbach-Viadukt überquert.
Von dem sechzehn Wagen langen Sonderzug sind im Bild oben die hinteren elf Wagen und die Schublok 052 174 auf dem Biesenbach-Viadukt oberhalb von Epfenhofen zu sehen.

Als am 28. September 1969 eine vom Kölner Eisenbahn-Club organisierte Mikado-Abschiedsfahrt mit 041 334 und 041 293 stattfand, war außer diesen beiden in Köln-Eifeltor nur noch 041 253 aktiv. Mit von der Partie waren die beiden Loks 146 und 204 der Butzbach-Licher Eisenbahn, die den Zug von Butzbach nach Pohlgöns und über Griedel nach Bad Nauheim brachten, von wo die beiden 41er die Rückreise nach Köln antraten. Alle vier beteiligten Loks sind in Bad Nauheim vor der markanten Kulisse der Maschinenzentrale des Elektrizitätswerkes zu sehen.

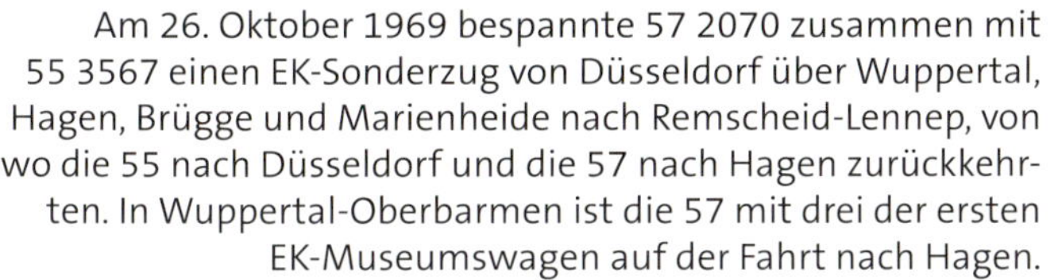

Am 26. Oktober 1969 bespannte 57 2070 zusammen mit 55 3567 einen EK-Sonderzug von Düsseldorf über Wuppertal, Hagen, Brügge und Marienheide nach Remscheid-Lennep, von wo die 55 nach Düsseldorf und die 57 nach Hagen zurückkehrten. In Wuppertal-Oberbarmen ist die 57 mit drei der ersten EK-Museumswagen auf der Fahrt nach Hagen.

Bei einer Sonderfahrt am 1. November 1969 von Köln durch den Westerwald nach Koblenz und zurück wurde 57 2070 während einer Pause in Siershahn einigen Güterwagen vorgespannt und simuliert so Plandampf-Feeling, auch wenn den Begriff damals noch niemand verwendete.

Wie aus dem Ei gepellt führt 012 060 am 19. Oktober 1969 einen EK-Sonderzug von Düsseldorf über Hohenbudberg, Oberhausen, Recklinghausen und Hamm nach Bockum-Hövel. Bei Datteln hat der Zug gerade den Dortmund-Ems-Kanal überquert und die Fahrgäste strömen zum Fotohalt auf den Acker aus, um den Zug vor der Kulisse der mittlerweile abgerissen Kühltürme des Kraftwerks aufzunehmen.

Während der DGEG-Jahrestagung 1970 fand am 5. April eine Sonderfahrt statt, deren erste Etappe von Essen nach Bestwig von der Paderborner 001 199 bestritten wurde, die hier in Essen den Zug bereitstellt. Ab Bestwig wurde der Zug nach Brilon von 023 016 und 57 2070 befördert, ehe von dort bis Wamel am Möhnesee WLE VL 0636 als Ersatz für die ausgefallene Dampflok 0122 eingesetzt wurde. Die Etappen der Rückfahrt wurden jeweils mit denselben Loks bewältigt.

Am 1. März 1970 veranstaltete die DGEG eine Sonderfahrt mit der ersten und letzten Lok der Baureihe 65 von Frankfurt über Niedernhausen und Wiesbaden auf die Aartalbahn bis nach Zollhaus. Um kurz nach acht Uhr stehen die Darmstädter 065 001 und 065 018 mit dem acht Wagen langen E 32992 abfahrbereit in Frankfurt (Main) Hbf.

Der Sonderzug aus Frankfurt wurde auf der Aartalbahn geteilt und so ist 065 018 am 1. März 1970 bei Zollhaus (Nass) nur mit drei Wagen unterwegs.

Während der Jahrestagung der DGEG wurde am 4. April 1970 eine Sonderfahrt veranstaltet, auf der auch die letzte preußische G 10, die in Bestwig beheimatete 57 2070 beteiligt war. Von Wengern Ost ging es über Hagen Vorhalle nach Schwerte (Ruhr) Ost, wo die Aufnahme entstand. Hinter den Wohnhäusern liegt das Ausbesserungswerk.

Am 4. April 1970 konnten die Teilnehmer der DGEG-Sonderfahrt auch den berühmten Schwerter Lokfriedhof besichtigen, wo auch 62 003 auf ihr weiteres Schicksal wartete, welches wie bei etlichen anderen dieser Loks letztlich Verschrottung hieß.

Ebenfalls am 4. April 1970 stand auch die Besichtigung der noch nicht öffentlichen Fahrzeugsammlung der DGEG in Bochum-Dahlhausen auf dem Programm. Der Sonderzug wurde anschließend von der für die DGEG bereits vorgesehenen Wedauer 055 345 und der Schublok 57 2070 weiterbefördert.

Unter dem Motto Rhein – Mosel – Eifel war am 26. April 1970 ein Sonderzug Köln – Koblenz – Trier – Köln mit den drei klassischen Einheitsloks 041 253, 001 128 und 003 276 unterwegs. Vor der Abfahrt in Köln ist die in Eifeltor beheimatete erste Zuglok zu sehen.

Am 12. Juli 1970 führte eine Sonderfahrt von Köln zur Jülicher Kreisbahn die Gremberger 55 4592 nach Düren, wo sie auf der Drehscheibe am Ende der Stumpfgleise vor dem in Insellage angeordneten Empfangsgebäude gewendet wurde.

Der BDEF-Verbandstag 1970 fand in Zwiesel statt. Am Samstag, den 9. Mai stand eine große Sonderfahrt über Plattling, Straubing, Miltach und die Regentalbahn an. Zwischen Straubing und Miltach waren die Plattlinger 064 446 als Zuglok und 086 843 als Schublok tätig. In Miltach präsentieren sich beide Rücken an Rücken, während zwei Dampfloks der Regentalbahn den Sonderzug übernahmen.

Am 20. Juni 1970 führt der NG 17176 von Fürth am Berg nach Ebersdorf keinen einzigen Güterwagen mit; neben dem Packwagen der Bauart Pwghs 54 befindet sich aber an diesem Tag auf Bestellung der DGEG ein B4yg-Wagen für mitfahrende Eisenbahnfreunde im Zug. Im Bahnhof Mödlitz stellt sich die Fuhre mit der seit drei Wochen zwar in Nürnberg stationierten, aber weiterhin von Coburg aus eingesetzten und bestens herausgeputzten 086 174 den Fotografen.

Die letzte Möglichkeit zum Einsatz einer bayerischen Lokalbahnlok bestand im Juni 1970. So nutzte die DGEG die Gelegenheit, um am 21. Juni, der später als heißester Tag des Jahres angegeben wurde, die Schweinfurter 098 812 mit einem Sonderzug von Würzburg und Gemünden – auf diesem Abschnitt von 140 275 gezogen – über Bad Kissingen und Schweinfurt nach Würzburg zu fahren. Bei Weikersgrüben gibt es einen Fotohalt der kleinen Lok vor den sechs großen Eilzugwagen. Zwei Tage nach der Fahrt wurde die Lok mit Fristablauf z-gestellt.

Auch das wird Sie interessieren ...

Mit Dampf auf der Nord-Süd-Strecke zwischen Main und Fulda

Nach dem Zweiten Weltkrieg wurde die Nord-Süd-Strecke zu einer der wichtigsten Magistralen der DB. Zu Dampfzeiten konnte man hier die leistungsstärksten Loks antreffen. Vor allem im Gebirgsbereich der Main-Weser-Wasserscheide mussten auf den Streckenabschnitten Gemünden – Fulda – und Frankfurt – Fulda Höchstleistungen erbracht werden.

Rolf Brüning: Mit Dampf auf der Nord-Süd-Strecke zwischen Main und Fulda, Band 9 der Reihe Farbbild-Raritäten aus dem Archiv Dr. Brüning. 132 Seiten, Format 24 x 22 cm, fester Einband, ca. 150 Abb., ISBN 978-3-937189-82-6; **27,80 Euro**

Die »Rollbahn« und ihre Stationen

Band 1: Bremen – Hamburg – Die so genannte „Rollbahn" Ruhrgebiet – Osnabrück – Hamburg gehört zu den wichtigsten deutschen Magistralen. Bei Eisenbahnfreunden genießt sie bis heute einen besonderen Ruf. In dieser auf drei Bände angelegten Buchreihe portraitiert in Band 1 Benno Wiesmüller den nördlichen „Rollbahn"-Abschnitt Bremen – Hamburg und stellt neben den Zügen dessen Stationen und andere herausragende Bauwerke, etwa die Elbbrücken, vor.

Benno Wiesmüller: Die „Rollbahn" und ihre Stationen, Band 1: Bremen – Hamburg. 160 Seiten, DIN A4 hoch, fester Einband, ca. 300 Abbildungen, z.T. in Farbe. ISBN 978-3-937189-61-1; **29,80 Euro**

Mit Dampf und Diesel durch den Schwarzwald

Erinnerungen an P 8, V 200 und die Eisenbahn von damals – In den 1960er und 1970er Jahren sind die eindrucksvollen Schwarzweiß-Aufnahmen entstanden. Der Fotograf Heinrich Baumann hat in ihnen den Betrieb auf der Badischen Schwarzwaldbahn Offenburg – Konstanz festgehalten. Auf den Zweigstrecken zwischen Freudenstadt, Rottweil und Schramberg dominierte noch der Dampfbetrieb. Impressionen von der Schmalspurbahn Nagold – Altensteig und von den ersten Elloks auf den Rampen zwischen Hausach und Villingen runden diesen Bildband ab.

Heinrich Baumann: Mit Dampf und Diesel durch den Schwarzwald – Erinnerungen an P 8, V 200 und die Eisenbahn von damals. 152 Seiten im Format 27 x 27 cm, fester Einband, ISBN 978-3-946594-09-3, **29,80 Euro**

Bundesbahn-Fotoalbum

Band 1: 1961 bis 1967 – Helmut Bittner (1941 – 2014) gehört nicht zu den „großen Namen" der deutschen Eisenbahn-Fotografie, sein Wirken geschah stets eher im Hintergrund, aber nachhaltig. Zahlreiche seiner Fotos steuerte er beispielsweise zu den beiden „Lokwechsel"-Bänden in diesem Verlag bei, lieferte Titel-Motive für die Zeitschrift EisenbahnGeschichte, er half zudem mit Vergnügen, die Bücher und Beiträge anderer Autoren zu bebildern. Rund 8000 Bittner-Aufnahmen (Farb- und sw-Dias) hat die DGEG in ihr Archiv übernommen, im wesentlichen in Deutschland entstandene Fotos – von der Nordsee bis in die Alpen. Mit diesem Buch soll eine mehrere Bände umfassende Reihe eröffnet werden, in der die Bundesbahnzeit bis etwa 1985 thematisiert wird; der Band 1 umfasst die Jahre 1961 bis 1967.

Helmut Bittner: Bundesbahn-Fotoalbum, Bd. 1: 1961 bis 1967; 168 Seiten, Format 24 x 22 cm mit ca. 160 SW- und Farbaufnahmen, fester Einband, ISBN 978-3-946594-05-5, **27,80 Euro**

Zeitreise durchs BOGESTRA-Land

Band 2: Die Geschichte der Linie 302 (Bochum – Gelsenkirchen) – Zwischen Gelsenkirchen-Buer im Norden und Bochum-Langendreer im Süden fährt die Straßenbahnlinie 302. Sie gehört zu den längsten Straßenbahnlinien Europas. 1895 in einem ersten Teilstück eröffnet ist sie bis heute eine der am stärksten frequentierten Linien der BOGESTRA und bietet an vielen Stellen „Ruhrgebiet pur". Zahlreiche Bilder aus den Archiven der Region und von Sammlern ergänzen die Chronik. Historische Karten verdeutlichen die Veränderungen an der Linienführung.

Andreas Halwer/VhAG BOGESTRA e.V. (Hg.): Zeitreise durchs BOGESTRA-Land – Band 2: Die Geschichte der Linie 302. (Bochum – Gelsenkirchen); 132 Seiten im Format 24 x 22 cm, fester Einband, ISBN 978-3-946594-12-3; **26,80 Euro**

Hamburgs Tore zur Welt

Die Fernbahnhöfe der Hansestadt, gestern und heute – Hamburg, das Tor zur Welt. Gemeint ist damit natürlich der Hafen. Für die Hamburger hingegen sind bzw. waren die Tore zur Welt eher die Fernbahnhöfe. Im Mittelpunkt des Hamburgischen Schienenpersonenfernverkehrs steht seit über 100 Jahren der Hauptbahnhof; auch in den Bahnhöfen Dammtor, Harburg und Altona halten heute zahlreiche Fernzüge. Darüber hinaus gab es noch einige weitere Stationen, denen im Fernverkehr Bedeutung zukam. Sie alle werden porträtiert.

Benno Wiesmüller: Hamburgs Tore zur Welt – die Fernbahnhöfe der Hansestadt gestern und heute. 168 Seiten im Format DIN A4, ca. 300 Abbildungen, fester Einband, ISBN 978-3-937189-87-1, **34,80 Euro**

DGEG Medien GmbH · Nordstraße 32 · 33161 Hövelhof
Tel. 0 52 57 – 9 35 29 10 · Fax 0 52 57 – 9 36 98 79 · medien@dgeg.de · www.dgeg.de